Welding operation

カラー版 はじめての
溶接作業

スキルアップ編

JN058836

日刊工業新聞社

はじめに

　前著『カラー版　はじめての溶接作業』（2022年1月発行）は、ものづくり技能（溶接作業）の「"わかりやすく、見やすい"教材がほしい」といった要望に応えるべく企画・刊行しました。

　同書は、①全編を通してカラー写真を用いて、作業手順や作業状態、溶接結果、不具合の状況などをわかりやすく提示する、②簡潔な解説とカラー写真・図を組み合わせて、とっつきやすく、読みやすい内容構成とする、③ふんだんに取り入れているカラー写真は、一連の作業動作順に掲載し、実作業に役立つよう記述、解説する―といったコンセプトで、溶接作業の基本をまとめました（前著の内容構成は次ページ参照）。

　同じコンセプトで、溶接の応用作業をまとめたのが今回の〈スキルアップ編〉です。

　溶接作業の基本をマスターした作業者が、①炭酸ガス半自動アーク溶接による薄板から厚板までの溶接作業と各種姿勢（立向き、横向き、上向き）の溶接作業、②TIGアーク溶接による各種姿勢の溶接作業およびアルミニウム材、チタン材、マグネシウム材の溶接作業など、より付加価値の高い製品形状や材料の溶接に作業範囲を広げることができるように、作業手順や作業状態、溶接結果、不具合対策などをわかりやすく解説しています。

　これらの応用作業における、より複雑な作業姿勢や溶けた金属の状態な

どは、カラー写真を用いた効果がより発揮できると考えています。

　本書を活用した読者の皆さんが溶接作業をはじめ、ものづくりに興味を持ち、今後、奥が深く多様性に富んだ溶接作業に深く関わっていただけることを期待します。

2022年12月

安田克彦

前著『カラー版　はじめての溶接作業』の目次構成

第1章　直流TIGアーク溶接の基礎

第2章　直流TIGアーク溶接の基本作業①

第3章　直流TIGアーク溶接の基本作業②

第4章　炭酸ガス半自動アーク溶接の基礎

第5章　炭酸ガス半自動アーク溶接の基本作業

目　次

第1章　直流TIGアーク溶接の応用作業

第2章　交流TIGアーク溶接の基礎

第3章 交流TIGアーク溶接の基本と応用作業

第4章 炭酸ガス半自動アーク溶接の応用作業①

第5章 炭酸ガス半自動アーク溶接の応用作業②

直流TIGアーク溶接の
応用作業

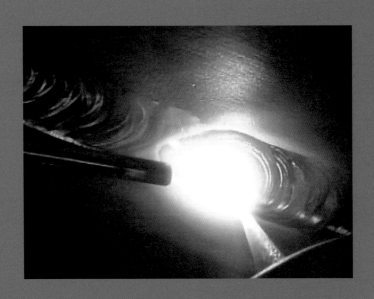

1-1 薄鋼板の立向き突合せ溶接作業

　ここでは、JIS（日本産業規格）の溶接技能者評価試験の「TN-V」に相当する板厚3mmのSUS304ステンレス鋼板の突合せ溶接を例にして「薄鋼板の立向き突合せ直流TIGアーク溶接」（**図1-1-1**に示すV形継手を2層で仕上げる溶接）を習得します。

　溶接する材料の溶接線部分は、図1-1-1の左のようにベベル角30〜45°、ルート面0.5〜1.0mm程度に開先加工します（なお、ベベル角はやや広い方が溶接がやりやすくなる傾向にあります）。次に、開先加工した2枚の板は、**図1-1-2**（a）のように溶接用ジグあるいは作業台面上でルート間隔2mmに正確に設定し、母材裏面で目違い（2枚の板の接合面の段差）やルート間隔の設定間違いを発生させないように、10mm程度のタック溶接でしっかり固定します。さらに、タック溶接した材料は、図1-1-2（b）のように目違いやルート間隔が不適切でないかを再度確認し、異常がある場合は修正します。

　次に「作業準備」です。①溶接装置を準備し、溶接用保護具を着け、安全を確認します（基本的な準備作業の詳細は前著『カラー版　はじめての

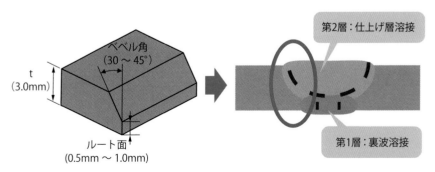

図1-1-1 薄鋼板のV形継手の突合せ溶接

溶接作業』を参照してください）。②タック溶接した溶接材を、溶接線が
バックシールドガス溝の中心位置となるようにジグにセットし、**図1-1-3**
のように溶接線が垂直になるように固定します。

「立向き溶接の作業姿勢」は、**図1-1-4**のように溶接トーチが母材面に
対し直角になるように、身体を母材面に対し45°程度傾けて構えます（こ
の場合、溶接材最上部の終端位置が目の高さを超えないことがポイントで
す）。1.2〜1.6mm径のSUS308の溶接棒を持ち、溶接トーチならびに溶接
棒は写真のように保持します（これらの保持状態が溶接中に変化しないよ

（a）仮組み作業

（b）修正作業

図1-1-2 溶接材の作製

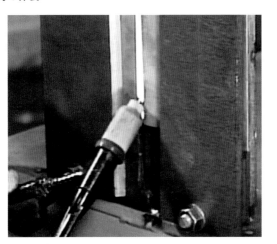

図1-1-3 立向き突合せ溶接における溶接材の
固定状態

溶接材の上端は
目の高さまで

溶接トーチが母材面に
直角になるように

図1-1-4 適切な立向き溶接姿勢

うに、身体の一部や作業用ジグなどを利用します）。

　では、「第1層裏波溶接作業」です。①溶接トーチ、溶接棒を上下させ、溶接線を無理なく一定に移動できることを確認します。②バックシールド用アルゴンガスを毎分5ℓ程度流し、バックステップ法で溶接開始位置まで戻り、小さなウィービング操作で両母材が均等に溶融するプールを形成させ、溶接棒を添加します。③仮付け部を小さなウィービング操作による下から上に上がっていく上進溶接で溶接を進め、ルート開始位置で**図1-1-5**のような小穴が形成できたら、溶接棒を添加します。④小穴の形成、溶接棒添加の操作を繰り返しながら上進で溶接を進めます。⑤終端部でクレータ処理を行い、溶接を完了させます。**図1-1-6**が、この溶接結果です（裏面ルート部の両母材が確実に溶け合い、均一で安定な裏波を形成していることが必要です）。

　なお、溶接中に以下のような不適切状態となった場合は、次の手順で修正します。①ルート部が溶け過ぎたり、穴が開くようであれば、溶接棒の添加量を増やして溶接します。②溶融金属の沈みがなく、裏面の溶融が不

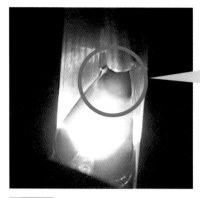

小穴を形成させて
溶接棒を添加します

図1-1-5 第1層裏波溶接の溶接状態

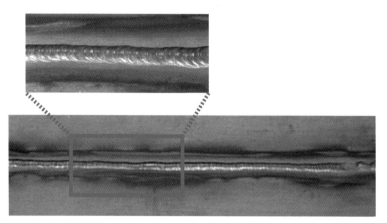

図1-1-6 第1層裏波溶接の溶接結果

足するようであれば、小さな振り幅のウィービング操作により裏波を確実に形成させます。③こうした対応で改善の難しい場合、開先角度や溶接電流条件を変えて溶接します。

　次に、「第2層（仕上げ層）溶接作業」です。①溶接部を清掃し、バックシールドガスを毎分5ℓ程度流し、溶接開始位置でアークを発生、ウィービング操作で両母材が均等に溶融するプールを形成させます。②ウィービング操作で、**図1-1-7**のように開先の両止端部を確実に溶かしながら溶接棒をプール両端で添加し、溶接を進めます。③終端部でクレータ

開先の両止端部を確実に
溶かして溶接棒を添加します

図1-1-7 第2層（仕上げ層）溶接の溶接状態

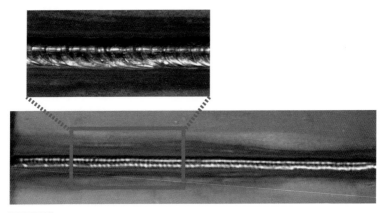

図1-1-8 第2層（仕上げ層）溶接の溶接結果

処理を行い、溶接を完了させます。

　図1-1-8が、この溶接結果です。始端から終端までビード幅が一定でアンダーカットなどの欠陥発生が無く、溶接中心部でビード幅の1/4を超える高さの凸（とつ）ビードや、母材面を下回る凹（へこ）みビードを発生させないように、溶接棒の添加を調整しながら溶接します。

　溶接中に以下のような不適切状態となった場合は、次の手順で修正します。①凸ビードとなる場合は、ウィービング操作の振り幅を少し広げ、溶接棒の添加を少なくします。②凹みビードとなる場合は、溶接棒の添加を増やします。③開先面の残しやアンダーカットが発生する場合は、ウィービング操作の振り幅を少し広げ、溶接棒の添加量を増やします。

1-2 薄鋼板の横向き突合せ溶接作業

　ここでは、JISの溶接技能者評価試験の「TN-H」に相当する板厚3mmのSUS 304ステンレス鋼板の突合せ溶接を例にして「薄鋼板の横向き突合せ直流TIGアーク溶接」を習得します。

　「横向き突合せ溶接」の「作業準備」と「溶接材の準備」は、前述した1-1のTN-Vと同じです。仮組みした突合せ溶接材は、バックシールドガス用ジグにセットし、図1-2-1のように溶接線が水平になるように固定します。

　「横向き溶接の作業姿勢」は、図1-2-2のように溶接トーチが水平に平行移動できるように、身体を母材面にほぼ平行に構えます。なお、溶接トーチや溶接棒の保持は、基本となる下向き姿勢の状態を水平に移動させた状態となります（この場合も、溶接中に溶接トーチならびに溶接棒の保

溶接線が水平になるように溶接材を垂直に固定します

図1-2-1 横向き突合せ溶接における溶接材の固定状態

図1-2-2 適正な横向き溶接姿勢

持状態が変化しないようにすることがポイントです）。

　では、「第1層裏波溶接作業」です。①バックシールド用アルゴンガスを毎分5ℓ程度流し、バックステップ法で溶接開始位置まで戻り、両母材が均等に溶融するプールを形成させます。②ストレートもしくは小さなウィービング操作の溶接で仮付け部を水平に進み、ルート開始位置に**図1-2-3**のような凹みもしくは小穴が形成されている状態を確認した後に溶接棒を添加します。③凹みの形成、溶接棒添加の操作を繰り返しながら溶接を進めます。④終端部でクレータ処理を行い、溶接を完了させます。

　次に、「第2層（仕上げ層）溶接作業」です。①溶接部を清掃し、バックシールドガスを毎分5ℓ程度流し、溶接開始位置でアークを発生、ウィービング操作で両母材が均等に溶融するプールを形成させます。②**図1-2-4**のように、ウィービング操作で残っている開先部を確実に溶かしながら溶接棒をプール上端と下端で添加し、溶接を進めます。③終端部でクレータ処理を行い、溶接を完了させます。

　なお、TN-Hの溶接作業においても、目標とする「裏波ビード」と「第

できるだけアークをつめ、小さいプール状態でプール溶融金属の凹み（プール先端部における小穴の形成）を確認、溶接棒を添加します

図1-2-3　第1層裏波溶接の溶接状態

上側開先端が溶けたら溶接棒を添加します

下側開先端が溶けたら溶接棒を添加します

図1-2-4　第2層（仕上げ層）溶接の溶接状態

2層（仕上げ層）ビード」、および「溶接中の不適切状態に対応すべき修正方法」は、前述した1-1のTN-Vとほぼ同じです。ただし、母材の溶融過大による溶融金属の垂れを発生させないように、アーク長さはできるだけ短くし、素早い操作で溶接します（しっかり確認し、良好な溶接結果が得られるように繰り返しトライしましょう）。

1-3 薄鋼板の上向き突合せ溶接作業

　ここでは、JISの溶接技能者評価試験の「TN-O」に相当する板厚3mmのSUS304ステンレス鋼板の突合せ溶接を例にして「薄鋼板の上向き突合せ直流TIGアーク溶接」を習得します。

　「上向き突合せ溶接」の「作業準備」と「溶接材の準備」は、前述した1-1のTN-Vと同じです。仮組みした突合せ溶接材は、シールドガス用ジグにセットし、図1-3-1のように溶接線が地面（作業台面）と水平になるように固定します。

　「上向き溶接の作業姿勢」は、図1-3-2のように溶接中の溶接状態がよく見えるように、身体を溶接線に対し45°程度傾けて構えます。なお、溶

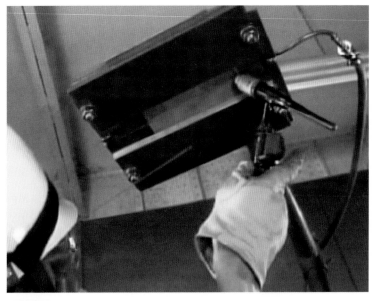

図1-3-1 上向き突合せ溶接における溶接材の固定状態

接トーチや溶接棒の保持は、基本となる下向き姿勢の状態を上向き姿勢状態に移動させた状態となります（この場合も、溶接中に溶接トーチならびに溶接棒の保持状態が変化しないようにすることがポイントです）。

　では、「第1層裏波溶接作業」です。①バックシールド用アルゴンガスを毎分5ℓ程度流し、バックステップ法で溶接開始位置まで戻り、両母材が均等に溶融するプールを形成させます。②仮付け部を進み、ルート開始位置でルート部が確実に溶けた状態となったことを確認できたら、図1-3-3のように溶接棒を添加し、この操作を繰り返しながら溶接を進めます（上向き溶接では、ルート部を過剰に溶かすと、穴あきやの凹みを発生させるので注意が必要です）。③終端部でクレータ処理を行い、溶接を完了させます。

　次に、「第2層（仕上げ層）溶接作業」です。①溶接部を清掃し、バックシールドガスを毎分5ℓ程度流し、溶接開始位置でアークを発生、

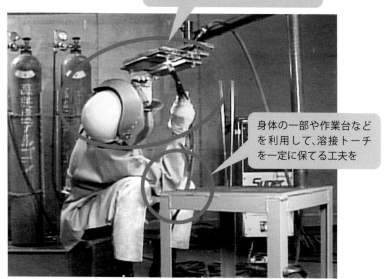

溶接中のプールが見えやすいように身体と溶接線が45°程度になるように傾けます

身体の一部や作業台などを利用して、溶接トーチを一定に保てる工夫を

図1-3-2 適切な上向き溶接姿勢

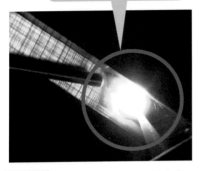

溶融金属が垂れないように
アークをつめ、ルート部を
確実に溶かします

図1-3-3 第1層裏波溶接の溶接状態

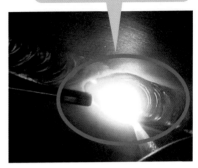

アークをつめ、両開先止端部を
溶かして溶接棒を添加します

図1-3-4 第2層（仕上げ層）溶接の
溶接状態

ウィービング操作で両母材が均等に溶融するプールを形成させます。②**図1-3-4**のように、残っている開先部をウィービング操作で確実に溶かしながら溶接棒をプール両端で添加し、溶接を進めます（母材の溶融を過剰に発生させないように、アーク長さを短くして溶接します）。③終端部でクレータ処理を行い、溶接を完了させます。

　なお、TN-Oの溶接作業においても、目標とする「裏波ビード」と「第2層（仕上げ層）ビード」、および「溶接中の不適切状態に対応すべき修正方法」は、前述した**1-1**のTN-Vとほぼ同じです。ただし、母材の溶融過大による不適切状態を発生させないように、TN-Vなどの場合より5～10A程度低い溶接電流でアーク長さをできるだけ短くし、溶融状態の制御は溶接トーチの傾きや溶接棒の添加を変化させて行います（しっかり確認し、良好な溶接結果が得られるように繰り返しトライしましょう）。

1-4 鋼管の突合せ溶接作業

　ここでは、JISの溶接技能者評価試験の「TN-P」に相当する肉厚3mmのSUS304ステンレス鋼管の溶接を例にして「鋼管の突合せ直流TIGアーク溶接」を習得します。なお、この溶接は、本来、水平固定管では全姿勢で、鉛直固定管では横向き姿勢で溶接します。TN-Pの試験では、上部1/3は鉛直固定の横向き姿勢溶接、残り2/3は水平固定の全姿勢溶接で行います。

　「管の突合せ溶接」の基本的な「作業準備」は、これまでの「薄鋼板の突合せ溶接」の場合とほぼ同じです。なお、ベベル角30〜45°、1mm程度のルート面に加工した管は、**図1-4-1**のように溶接線を正確に合わせられるように、アングル材などを利用した仮組みジグを使って3〜4カ所をタック溶接して固定します。なお、タック溶接は、ビード継ぎ部（一旦アークを切り溶接を中断、この位置でビードを継ぎ1パスのビードにする継ぎ部）などを含めた溶接開始位置に行うと良いでしょう。

図1-4-1 溶接材の仮組み作業

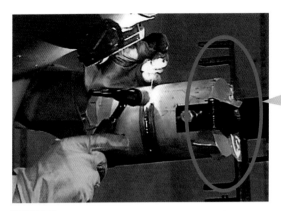

管の両側に、このようなバックシールドガス用フタを取り付けます

図1-4-2 管溶接におけるバックシールドガス用フタの固定状態

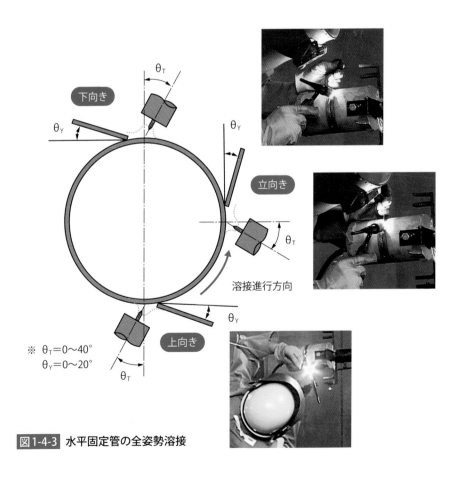

※ $\theta_T = 0 \sim 40°$
$\theta_Y = 0 \sim 20°$

下向き

立向き

上向き

溶接進行方向

図1-4-3 水平固定管の全姿勢溶接

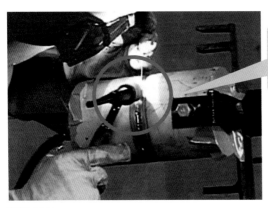

溶接線中心部にガスノズルの一端を付け、ここを支点に8の字を描くように溶接を進めます

図1-4-4 ローリング法による管の溶接状態

　なお、この溶接では、溶接姿勢を変えるため溶接を中断させる必要があり、これによるルート間隔の収縮が生じるため、ルート間隔はやや広めの3mm程度に設定します。

　ステンレス鋼管の溶接では、①図1-4-2のように、仮組みした溶接材の管両端にバックシールドガス導入口のあるフタを固定し、管を水平にセットします。②ガス導入口からシールドガスを毎分5ℓ程度流します。

　通常、水平固定管の溶接では、図1-4-3のように、①底部から上向きで溶接を開始し、順次、立向き、下向きに姿勢を変えながら進めます。②溶接中に上向きから立向き姿勢に移る位置で一旦溶接を中断、姿勢を変え、ビード継ぎ溶接により立向き、続いて下向きの溶接を行います。③管の最上部付近で片側の溶接を完了させます。④反対側の溶接も、同様に行います。なお、ビード継ぎ部となるそれぞれのクレータ部では、ビード継ぎ部が溶融しやすいように溶接棒の添加量を少なく抑え、バックステップ法によりビード継ぎ部をよく加熱します。

　また、全姿勢の溶接では、溶接中にアークの長さが変わりやすいため、図1-4-4のようにガスノズルを母材表面に接触させて溶接する「ローリング法の溶接」が有効となます（ローリング法の溶接は、前著『カラー版 はじめての溶接作業』の「ウィービングビード溶接」（第3章3-1）を参照してトライしてください）。

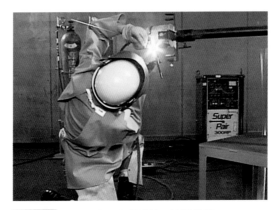

図1-4-5 管の上向き姿勢溶接の溶接状態

図1-4-6 管の立向き姿勢溶接の溶接状態

　では、「水平固定管の溶接作業」です。①バックシールドガス用のフタをした管を水平に固定し、バックシールドガスを毎分5ℓ程度流します。②溶接電流80A程度で、**図1-4-5**に示す上向き姿勢でアークを発生させ、バックステップ法で管底の溶接開始位置である仮付け部まで戻り、両母材が均等に溶け合う安定した大きさのプールを形成させます。③プールが形成できたら、上方へゆっくりと進みます。④ルート間隔溝に入り、プール先端部に小穴が形成される状態になったら溶接棒を添加して少し進みます（上向き姿勢溶接でルート部を過剰に溶かすと、穴あきや裏波の凹みを発

図1-4-7　鉛直固定管の横向き姿勢溶接の溶接状態

生させるので注意が必要です）。⑤小穴の形成、溶接棒の添加の操作を繰り返しながら溶接を進め、上向き姿勢溶接が終わる所で一旦アークを切ります。

　次に、⑥身体の位置を立向き、下向き姿勢溶接が楽に行える**図1-4-6**の状態に変え、バックステップ法で溶接を再開、ビード継ぎ部で裏面が確実に溶けるように加熱します。⑦ビード継ぎ部に溶けた小穴の形成が確認できたら溶接棒を添加します。⑧この操作を繰り返して溶接を進め、管の最上部付近まで溶接して一旦アークを切ります（このとき、溶接棒の添加は抑えます）。⑨同じように反対側の溶接部も溶接します（この溶接の終端では、溶接棒を添加するクレータ処理を行います）。

　次に、「鉛直固定管の溶接作業」です。溶接線が水平になるように管を垂直にセットし、バックシールドガスを流し、**図1-4-7**のように第1層、第2層とも横向き姿勢溶接の要領で管の曲面に合わせ少しずつ身体をひねりながら溶接を進め、1～2度のビード継ぎ溶接を行って管全周を溶接します（この溶接の場合も、溶接中のアークの長さを変化させないことがポイントです）。

　TN-Pの溶接作業で目標とする「裏波ビード」と「表面（仕上げ層）ビード」とも、前述した1-1のTN-Vとほぼ同じです。また、「溶接中の不適切状態に対応すべき修正方法」も、TN-Vと同じです（しっかり確認し、良好な溶接結果が得られるように繰り返しトライしましょう）。

1-5 薄鋼板の水平すみ肉溶接作業

　「すみ肉溶接」は、**図1-5-1**（a）のように、水平材と垂直材の合わせルート部に必要な強さを得るために溶着金属を溶接する作業です。なお、図1-5-1（b）のような重ね継手の溶接も同様の作業となります。ここでは、板厚3mmのSUS304ステンレス鋼板のすみ肉溶接を例に、「薄鋼板の水平すみ肉直流TIGアーク溶接」を習得します。

　「水平すみ肉溶接」の「作業準備」も、これまでと同じです。ただし、「溶接材の準備」は、**図1-5-2**および**図1-5-3**のようにタック溶接を行い、垂直材の取り付け位置や直角度を確認しながら修正し仕上げます（なお、タック溶接はできるだけ溶接線の裏面に行います）。

　仮組みした溶接材を作業台面に水平に置き、**図1-5-4**の左のような作業姿勢で構えます。なお、溶接トーチは、水平材と垂直材が均等に溶けるように、図1-5-4の右のように両材料に対しては基本的に45°、電極先端はルート部近くに保持します。

　「水平すみ肉溶接作業」は、まず、①バックステップ法で溶接開始位置まで戻り、ルート部から両母材が均等に溶融するプールを形成させます。②開始位置で指示された脚長に近い大きさのプールが形成できたら、**図1-5-5**のように溶接棒を添加します。③プール形成と溶接棒の添加を繰り返しながら

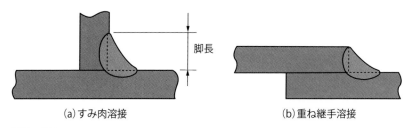

脚長

(a)すみ肉溶接　　　　　　　　　　(b)重ね継手溶接

図1-5-1 すみ肉と重ね継手の溶接

24

図1-5-2 すみ肉溶接材のタック溶接

図1-5-3 すみ肉溶接材の形状確認

図1-5-4 水平すみ肉溶接の作業姿勢と溶接トーチの保持の仕方

ルート部が溶けたら
溶接棒を添加します

図1-5-5 水平すみ肉溶接の溶接状態

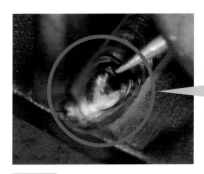

ルート部が溶け、水平材側も垂直材側も同じ脚長にします

図1-5-6 水平すみ肉溶接の溶接結果

シール溶接ビード表面ならびに水平、垂直材面を確実に溶かした第2層ビード

ルート部を確実に溶かしたシール溶接ビード

図1-5-7 シール溶接で確実なルート溶け込みを得た水平すみ肉溶接の結果

溶接を進めます。④終端部でクレータ処理を行い、溶接を完了させます。

　この水平すみ肉溶接で目標とする仕上がりビード状態は、①必要な脚長のビードであること、②図1-5-6のように両母材の止端部がよくなじんだビードであること、③ルート部で両母材が融合し合う溶け込みが得られていること（仕上がり状態では確認できませんが、溶接中にプール先端ルート部が確実に溶けていることを確認しながら溶接します）などです。

　なお、水平すみ肉溶接でルート部の確実な溶け込みを得ながら、求める脚長のビードに仕上げるには、①まず、やや大きい溶接電流で、アーク長さを短くした（アークをつめた）状態でルート部を確実に溶かす図1-5-7のような小さいプールのシール溶接を行います。②このシール溶接部の溶接面を溶かし、必要な脚長まで両母材が溶けるプールを形成させ、溶接棒を添加する溶接が有効となります。

1-6　チタン材の溶接作業

　近年、チタン（Ti）材は特に優れた耐食性が注目され、各方面で幅広く利用されるようになっています（これに伴いチタン材の溶接も注目されています）。ここでは、チタン材の概要と「チタン材の直流TIGアーク溶接」を習得します。

　チタン材は、純チタンと合金チタンに大別されます。多くの人が考えるチタン材は、航空・宇宙や防衛などの分野で多く利用されるチタン合金材ですが、日本においては優れた耐食性を生かし機械部品や装置部品などの民生品に使われる純チタン材が大半を占めています（この純チタン材は、適切な材料選択をすれば溶接材を成形したとしても**図1-6-1**の加工例ように軟鋼材に近い加工性を示します）。

　日本で使用される純チタン材は、**表1-6-1**のように酸素量の少ない1種から多い4種までの4種類に類別されます（酸素量が多くなるほど硬く、強くなり、伸びは少なくなります。そのため加工や溶接を施す材料としては、1種や2種が多く利用されています）。

溶接部分（変形の多い肩のR部分も割れることなく成形できている）

図1-6-1　純チタン溶接材の成形加工例

種類	化学成分（%）max.						引張試験		
	H	C	O	N	Fe	Ti	引張強さ （MPa）	耐力 （MPa）	伸び（%）
1種	0.013	0.08	0.15	0.03	0.20	残部	270〜410	≧165	≧27
2種	0.013	0.08	0.20	0.03	0.25	残部	340〜510	≧215	≧23
3種	0.013	0.08	0.30	0.05	0.30	残部	480〜620	≧345	≧18
4種	0.013	0.08	0.40	0.05	050	残部	550〜750	≧485	≧15

表1-6-1 純チタン材の種類と特性

(a) 450℃程度の加熱状態　　　　　　(b) 600〜750℃の加熱状態

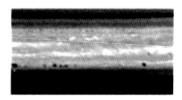

(c) 800℃程度の加熱状態

図1-6-2 純チタン材の加熱温度と変色の関係

　一方、チタン材の溶接においては、①高温状態で溶接部が灰白色に変色する酸化が進み、成形加工する場合の変形能が素材の半分程度にまで低下します。②溶けたチタン材の流動性低下により、鋭いアンダーカットや溶け込み不足といった欠陥が発生し、さらなる変形能や伸びの低下を引き起こします（したがって、チタン材の溶接では、高温状態における酸化と溶けた状態における流動性低下の2点に特に注意が必要です）。

　まず、酸化に関しては、非常に酸化されやすいチタン材の溶接において熱影響部を含めた溶接部は、①300℃以下の状態であれば銀色から金色、

図1-6-3　チタン材の溶接におけるシールド状態

②450℃程度では酸化により**図1-6-2**（a）に見られるような青から紫、
③550℃程度では赤紫、④ 600〜750℃程度では（b）に見られるように
一部に灰白色、⑤800℃程度になると（c）のような白色に変色します（こ
れに伴って脆（もろ）くなる現象が現れます）。

　チタン材の溶接部の酸化による脆化（ぜいか）現象を防ぐため、**図1-6-3**のよう
に、溶接中や溶接後の高温状態部分にシールドガスを送給する溶接トーチ
ガスノズル、溶接トーチガスノズルに取り付けるアフターシールド用ガス
トレーラ（その側面には、図1-6-3のような耐熱性のあるガラスウール
テープなどを取り付け、周囲からの空気の進入を防ぎます）、裏面シール
ド用ガストレーラを、さらにすみ肉溶接においては垂直材裏面にもシール
ド用ガストレーラなどを使用して溶接します（なお、製品形状が複雑な場
合や、確実なシールドが求められる場合は、アルゴンガスを充填したボッ
クス内で溶接するなどの工夫も必要です）。

　また、**図1-6-4**は、溶融状態のチタン材が流動性が小さく、粘（ねば）りけが多
い状態となっている特性を、他の金属と比べた結果です。サラサラして流
動性に富む軟鋼（SS材）は、同じような溶融状態でも溶融金属の垂れが
大きいのに対し、ステンレス材、チタン材の順で粘りけが多くなり、垂れ
が少なくなっていることがわかります。

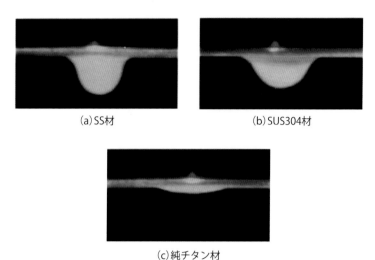

(a) SS材 　　　　　　　　　　　　(b) SUS304材

(c) 純チタン材

図1-6-4 **各種材料の溶融金属の粘りけの違い**

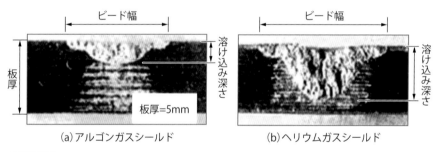

(a) アルゴンガスシールド 　　　　　　　　(b) ヘリウムガスシールド

図1-6-5 **シールドガスによるチタン材の溶け込み形成の違い**

　こうした溶融金属の粘りけの特性から、**図1-6-5**（a）のように一般的なアルゴンガスシールドの場合は、必要な溶け込み深さに比べてビード幅が広い溶接となります。これを解消するためには、図1-6-5（b）のようにシールドガスにヘリウムを利用するなど、溶け込みの得られやすい開先状態にする工夫が必要となります。

　図1-6-6は、粘りけが多くて溶け込みの得られにくいチタン材の開先設定における注意点を、他の材料と比較して示したものです。同じ板厚のI

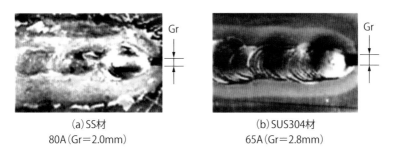

(a) SS材
80A (Gr＝2.0mm)

(b) SUS304材
65A (Gr＝2.8mm)

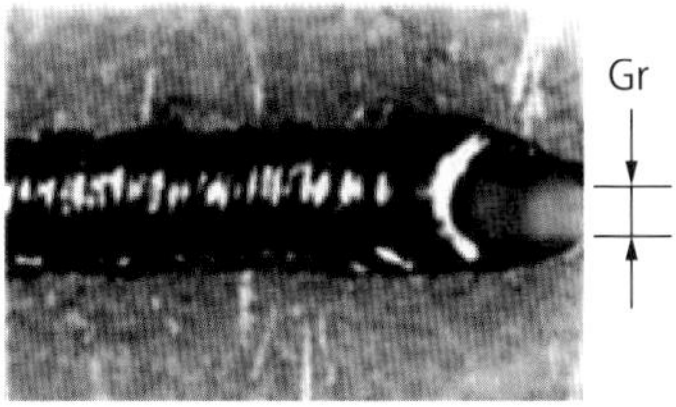

(c) 純チタン材
65A (Gr＝3.0mm)

図1-6-6 材料による適正開先条件の違い

(a) 表面ビード側の曲げ試験結果	
(b) 表面ビード外観	
(c) X線透過試験結果	
(d) 裏面ビード外観	
(e) 裏面ビード側の曲げ試験結果	 割れ

図1-6-7 チタン溶接材の曲げ試験による割れ発生状態

形継手の突合せ溶接でも、サラサラした軟鋼（SS材）では狭いルート間隔で良好な裏波形成が得られるのに対し、粘りけが多くなるステンレス材、チタン材の順に広いルート間隔の設定が必要になることがわかります。

　さらに、必要な溶け込みの得られる開先の設定や加熱部分の確実なシールドを行ったとしても、チタン材の溶接では、**図1-6-7**のように凹み状態となっている裏波が切り欠き状態となっている部分では、わずかな変形で割れを発生してしまいます（チタン材では、こうした切り欠き状の欠陥は、わずかな変形で割れを発生する危険があり、特段の注意が必要です）。

チタン材の溶接では、高温状態における酸化と溶けた状態における材料の流動性低下に注意しよう！

第 2 章

交流TIGアーク溶接の基礎

2-1 アルミニウム材溶接の概要

　アルミニウム（Al）材は、材料自体の特性から溶接するうえでいろいろな問題を生じ、各種材料の中でも溶接の難しい材料の1つです（とはいえ、この溶接の基本的なポイントは、「直流TIGアーク溶接」の場合と同じです）。ここではアルミニウム材の「交流TIGアーク溶接」に絞り、溶接作業の基礎知識を習得します。

　アルミニウム材溶接の問題点と対策を「突合せ溶接」を例に整理します。

　①アルミニウム材の溶融温度は600℃程度と低く、しかも熱伝導が良いことで溶接部に熱が集中しにくく、一定速度溶接の場合、図2-1-1のように開始部では溶融不足、終端部では溶融過大となります（作業者が行う溶接作業では、プールの大きさを作業者が一定に保つ感覚的な制御を行うことで溶融状態を一定にした溶接が可能です）。

　②アルミニウム材は、常温でも空気中の酸素と結合するような活性な材料で、材料表面に硬くて素材の4倍程度の融点となる酸化膜を形成します。この酸化膜は、接合部の融合を妨げます（図2-1-2のようにワイヤブラシ処理や化学薬品処理、アークの酸化膜除去作用などにより対応します）。

開始部（母材は溶けず、クリーニング作用状態のみ発生）

終端部（過大な溶融状態が発生）

図2-1-1　アルミニウム材の一定速度溶接の結果例

　③溶けているアルミニウム材は水素を吸収しやすく、吸収した水素の一部は放出し切れず、図2-1-3のように溶接部に水素によるガス孔（ブローホール）を発生します。この欠陥に対しては、水素の発生源となる溶接個所の油脂や汚れの除去、シールドガス中の水分の除去などで対応します。

　④アルミニウム材はそのままでは強度が小さいため、通常、強度を高めるために合金化したアルミニウム合金材が使用されます。こうしたアルミニウム合金材の溶接では、合金化した元素とアルミニウムが結合し、融点

図2-1-2　ワイヤブラシによる溶接部酸化膜の除去作業

ブローホール（ブローホール発生による板厚減少で、強度の低下や曲げ試験における割れ発生の原因となります）

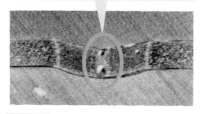

図2-1-3　アルミニウム材の溶接部に発生したブローホール欠陥

図2-1-4 アルミニウム材の溶接部に発生した割れ欠陥

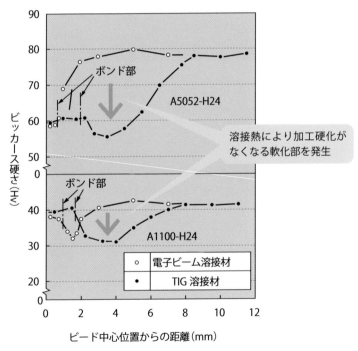

図2-1-5 加工硬化材の溶接による軟化部の発生状態

の低い化合物が形成され、溶接部に**図2-1-4**のような割れを発生しやすくなります。こうした割れ発生の防止には、入熱を抑えた溶接やA4043などの溶接割れ防止に有効な溶接棒、ワイヤの使用で対応します。

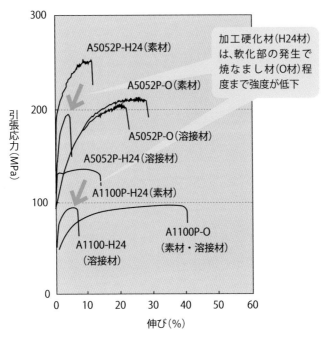

図2-1-6 加工硬化材の溶接による強度低下

⑤H24材など、圧延加工による加工硬化で強くしたアルミニウム材を溶接すると、溶接熱による加熱で図2-1-5に示すように軟らかい軟化部を局部的に発生し、製品の強度不足の原因となります（たとえば、局部的に軟化部を発生した溶接材を引張試験すると、次に示すような強度低下を示します）。すなわち、加工硬化で強度を強くしたH24材の場合には、図2-1-6に示すように溶接熱により加工硬化のないO材の強さ程度にまで低下し、伸びも減少します（こうした現象は、合金化と熱処理で強度を高めた材料も同じです）。

このようなことから、溶接で組み立てる製品では、溶接による強度低下を考慮した素材選択で対応します。

2-2 各種アルミニウム材と溶接

通常、アルミニウム材は、強度を高めるため合金化したアルミニウム合金材の状態で使用します。さらに、圧延加工による硬化や合金化のための熱処理により強度を高めています。ここでは、各種アルミニウム材の概要と、その溶接を習得します。

個々のアルミニウム材は、たとえば「A1100P-H24」のように表示されます（その表示の意味する事項は、図2-2-1のようになります）。なお、最後の質別記号の「H」は加工硬化で強くしたもの、「T」は合金化し熱処理で強くしたものです。

では、材料の基本的な特性を決める成分などを示す4桁の数字ごとに、材料の特性や溶接性を見ていきましょう。

まず、「1000系、3000系材料の溶接」です。アルミニウムが99％以上のA1100やA1070など1000系と呼ばれる純アルミニウム材や、ほぼ純アルミニウム材に近い性質を持つマンガン（Mn）が加えられたA3030などの3000系材料は、強度が小さく、電気器具や放熱用部品、一部の化学品製造装置などの限られた用途に利用されています。ただし、溶接による割

図2-2-1 アルミニウム材の材料表示

れは発生せず、アルミニウム材の中では比較的溶接がやりやすい材料です。

「2000系材料の溶接」です。A2014など、銅（Cu）を添加した2000系材料は、「T6処理」と呼ばれる熱処理を行うことで450N/mm²程度の強度となり、軽量の高強度構造材や航空機の機体材料などに使用されます。ただし、その溶接部では割れを発生しやすく、接合にはリベットなどの機械的接合や接着剤による接合、機械的接合と接着剤接合を併用した複合接合などが推奨されています。

「4000系材料の溶接」です。主にケイ素（Si）が添加される4000系に相当する材料は、溶ける温度が低いことなどからアルミニウム鋳物（AC材）やアルミニウムダイカスト（ADC材）に使用されます。なお、図2-2-2のような表面がザラザラしたAC材は溶接可能ですが、表面のツルツルしたADC材の溶接は避けた方が良いでしょう。

「5000系材料の溶接」です。マグネシウム（Mg）を添加し加工硬化した、質別記号がH32で250N/mm²程度の強さのA5052、同H32で350N/mm²程度の強さのA5083などの5000系材料は、板材や棒材の状態で、各種の加工用材料として広く使用されます（ただ、入熱の大きい溶接条件では、溶接による割れを発生することがあり、溶接条件の設定や溶接方法に注意が必要です）。

図2-2-2 アルミニウム鋳物（AC材）の溶接例

「6000系材料の溶接」です。T6処理で250N/mm^{2}程度の強度となるマグネシウムとケイ素が添加されたA6063などの6000系材料は、複雑な形状を押し出し加工で成形でき、サッシなどの建築資材や家具用資材、電車や自動車のフレーム材などに使用されます。なお、この材料は、過大な入熱の溶接になると溶接金属部だけでなく、周辺の熱影響部にも割れを発生するため、溶接条件の設定に注意が必要です。

　「7000系材料の溶接」です。T6処理で350N/mm^{2}程度の強さとなるA7N01、同じ処理で550N/mm^2 以上の強さとなるA7075などの7000系材料は、6000系材料と同様、押し出し加工で成形される形材で使用されます（オートバイや電車、自動車のフレーム、航空機やスポーツ用品のフレームなど）。なお、その溶接は、6000系材料より合金成分が多い分、より溶接条件の設定に注意が必要です。

アルミニウムは多くの種類があり、それぞれの材質に応じた溶接条件の設定や溶接方法を工夫しよう！

2-3 交流TIGアーク溶接機能の設定

　交流TIGアーク溶接で使用する溶接機の基本機能の設定は、直流TIGアーク溶接と同じです（ただし、アルミニウム材のTIGアーク溶接では、母材の融合を妨げる酸化膜を除去しながら溶接する必要があり、交流TIGアーク溶接が一般に使用されます）。ここでは、「アルミニウム材の交流TIGアーク溶接における特異な機能の設定」を習得します。

　まず、「溶接方法の設定」です。①図2-3-1のように「溶接法」の切り替えスイッチは「TIG溶接」に、図2-3-2のように「交流・直流の選択（出力切替）」は「AC（交流）」に設定します。②「溶接トーチの水冷・空冷の切り替え」、「シールドガス送給機能」、「初期電流やクレータ電流機能」、「パルス電流制御機能」などの設定は、直流TIGアーク溶接の場合と同様に行います（前著『カラー版　はじめての溶接作業』を参照してください）。

　交流は、電気の流れが半波ごとでプラス（＋）とマイナス（－）に切り変わります（交流TIGアーク溶接でも、電極側は半波で＋と－に変わりま

図2-3-1 「TIG溶接」に設定

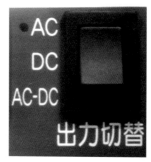

図2-3-2 「AC（交流）」に設定

41

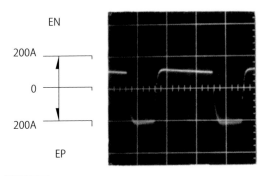

図2-3-3 交流TIGアーク溶接における溶接電流の
変化状態

クリーニング作用領域

溶融金属

図2-3-4 交流TIGアーク溶接の溶接状態

す）。**図2-3-3**が交流TIGアーク溶接における溶接電流の変化状態で、中央の基準線より上側が電極側－（EN）、下側が電極側＋（EP）となります。なお、EN、EP部それぞれの電流と時間の面積の割合を「EN比率」と呼び、EN比率が100％に近づくほど直流の溶接に近づきます。

　なお、電極側が＋となった場合、母材表面の酸化膜中の酸素の－電子が＋の電極側に引き出され、酸化膜が破壊されます（こうした酸化膜の破壊で、接合部に母材本来の面を作り出す作用を「クリーニング作用」と呼びます）。**図2-3-4**の銀色の溶融金属周囲の白い部分がクリーニング作用を

アークは、プール部分に集中

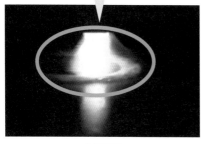

（a）EN時

アークは、プール周辺の
クリーニング作用領域
まで広がります

（b）EP時

図2-3-5 交流TIGアーク溶接におけるアーク発生状態

このダイアル位置を変えることで、
下のように電流のEN分、EP分が変
わり、EP分が増すことでクリーニン
グ作用領域が広くなります

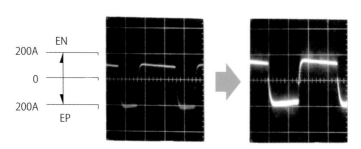

図2-3-6 クリーニング幅の設定ダイアルとそれによる溶接電流の変化

受けた部分です。

　では、このクリーニング作用をアークの発生状況で見てみましょう。図
2-3-5は、交流TIGアーク溶接におけるアークの発生状態です。図2-3-5
（a）の電極側が−となっているENの状態では、アークが溶融プール付近

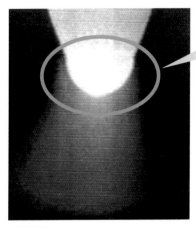

電極＋(EP)のとき、電子が電極先端部に飛び込み加熱して溶融させ先端形状が変化します

図2-3-7 交流TIGアーク溶接における電極先端の変化

に集中しているのに対し、(b) の電極側が＋となっているEPの状態では、アークが溶融プール周囲に広がりクリーニング作用が起きている状況を確認できます。

また、交流TIGアーク溶接で図2-3-6の上の「クリーニング幅」の設定ダイアルを変化させると、下のようにEN比率が変わり、クリーニング作用の状況も変わります。

この場合、クリーニング幅を狭い側に設定するとEN比率が大きくなり、クリーニング作用の無い直流に近づきます。逆に、広い側に設定すると電極側が＋となっている割合が多くなり、小さくて軽い－の電子が飛び込むエネルギーで電極先端が加熱され、図2-3-7のように溶融し始め、アークを発生している時間の経過とともに溶融部分が増していきます（一方で、クリーニング幅が広がります）。

2-4 タングステン電極材質の選定と先端形状の設定作業

　交流TIGアーク溶接では、電極側が＋となるときにタングステン電極が加熱され、電極先端部が溶融します。先端部の溶融は、電極の材質や先端形状、アーク発生後の経過時間により変わり、アークの発生状態や溶け込み形成に影響を与えます（したがって、作業前には、それぞれを適切に設定することが必要となります）。こでは交流TIGアーク溶接における「電極の設定作業」を習得します。

　交流TIGアーク溶接で使用するタングステン電極は、図2-4-1のように棒端が着色されており、交流TIGアーク溶接では、棒端が「緑色」の純タングステン電極や「灰色」の2％酸化セリウム入り電極が一般的に使用され、棒端が「赤色」の2％酸化トリウム入り電極などはあまり使われません。

　図2-4-2は、純タングステン電極のアーク発生後の経過時間と電極先端の溶融変化の関係を示したものです。電極先端の溶融は時間の経過とともに急速に進みますが、溶融部分は常に安定した球状を保ちアークも常に安

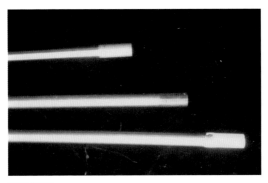

図2-4-1 各種のTIGアーク溶接用タングステン電極棒

(a)アーク発生直後

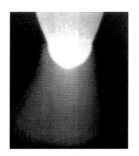
(b)アーク発生45秒後

(c)アーク発生5分後

図2-4-2 純タングステン電極のアーク発生時間と
電極先端の溶融変化

定しています。ただ、溶接電流条件によっては、電極の溶融が当初のテーパー部を超えるまで進みます。

　一方、電極に酸化トリウム入り電極を使用すると、溶融の進みは遅くテーパー加工部は残るものの、溶融過程で溶融球が分裂して図2-4-3のように溶融球の偏りとともにアークの偏りも発生します。

　しかし、酸化セリウム入り電極を使用した場合は、同じように溶融球の分裂が発生しますが、図2-4-4のように分裂した溶融球は合体して電極のほぼ中心に集まり、直流TIGアーク溶接に近い集中した安定なアークとなります。

　こうした電極の特徴は、たとえば図2-4-5の各種電極によるすみ肉溶接の場合、（a）の純タングステン電極による溶接では、先端の溶融が進むことでアーク長さが長くなり、また（b）の酸化トリウム入り電極では、先

先端溶融は電極先端部のみで、アークは集中

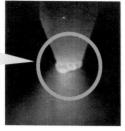

（a）アーク発生30秒後

先端溶融は進むものの、まだアークは集中

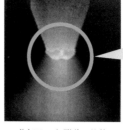

（b）アーク発生1分後

先端溶融が偏ることで、アークも偏って発生

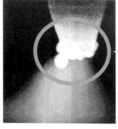

（c）アーク発生5分後

図2-4-3 酸化トリウム入り電極のアーク発生時間と電極先端の溶融変化

先端溶融は先端部のみで、アークは集中

（a）アーク発生30秒後

先端溶融は進んでいますが、アークの集中は維持

（b）アーク発生1分後

先端溶融は大きくなっていますが、アークの集中は維持

（c）アーク発生5分後

図2-4-4 酸化セリウム入り電極のアーク発生時間と電極先端の溶融変化

先端溶融が大きくアークが分散し、ルート部が溶融できません

先端溶融が偏り、片側母材面のみ溶融

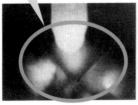

(a)純タングステン電極

(b)酸化トリウム入り電極

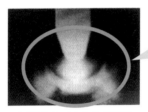

先端溶融が中心に集まり、集中したアークでルート部が溶融

(c)酸化セリウム入り電極

図2-4-5 各種電極によるアルミニウム材の下向きすみ肉溶接の溶接状態

端の溶融部が開先面側へ偏ることで、いずれの場合もルート部の溶融が得られていません。これらに対し、(c)の酸化セリウム入り電極では、アークが電極中心部に集まり、アーク長さの短い集中したアークとなり、良好なルート部の溶融が得られるようになっています。

　以上のことから、交流TIGアーク溶接における「電極材質の選定」の目安は、①アークの周りに開先面や母材面のない突合せ溶接などの溶接では、酸化セリウム入り電極もしくは純タングステン電極が、②開先内の突合せ溶接やすみ肉溶接は、酸化セリウム入り電極が推奨されます。一方、「電極先端形状の設定」は、溶接中に電極先端のテーパー加工部が十分に残り、しかも溶融部が電極中央に形成されアークが集中できることを目安にします（このため、本溶接に入る前に別の材料でアークを発生させ、溶融部を形成させておくと良いでしょう）。

2-5 アルミニウム材の溶接における溶け込みの形成

　材料の融点が低く熱伝導の良いアルミニウム材の交流TIGアーク溶接では、母材の溶け込みが溶接状態や溶接電流条件によって特異な変化を示します。したがって、この溶接作業では、こうした特徴をよく理解し、溶接状態に合わせた条件設定が必要になります。ここでは、アルミニウム材の溶接における溶け込みなど、溶接の目的に合わせた条件の設定方法を習得します。

　アルミニウム材の交流TIGアーク溶接では、図2-5-1のように、母材への溶け込みは溶接電流条件ではあまり変化せず、①大電流の溶接では短時間で、②小電流の溶接では長い時間をかけて、ほぼ同じような溶け込みとなります。したがって、効率の良い大電流に設定すると、母材の溶融の変化に対応しきれず過大溶融になってしまうことに注意が必要です。

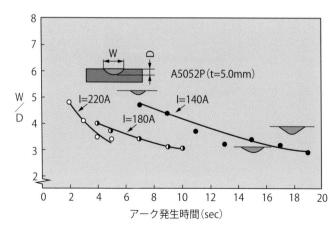

図2-5-1　アルミニウム材の交流TIGアーク溶接における溶け込み形成

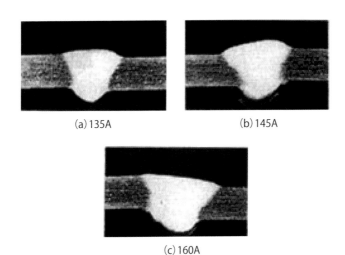

(a) 135A   (b) 145A

(c) 160A

図2-5-2 板厚3mmのA5052アルミニウム材のI形継手の
突合せ溶接の結果

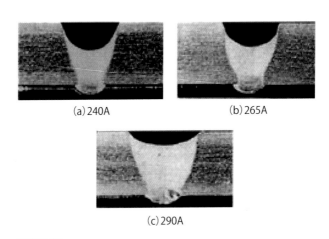

(a) 240A   (b) 265A

(c) 290A

図2-5-3 板厚8mmのA5052アルミニウム材のV形継手の
突合せ溶接の結果

　図2-5-2は、板厚3mmのA5052アルミニウム材の密着I形継手の突合せ溶接を行った結果です。このような溶接では、溶接電流を大きくするに従い、余分な母材の溶融が増す過大溶融の溶接になりやすいことがわかります。

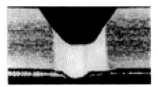 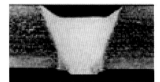

(a)第1層溶接　　　　　　　　　(b)第2層溶接

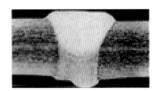

(c)第3層溶接

図2-5-4　板厚8mmのA5052アルミニウム材のV形継手の
突合せ3層仕上げ溶接の結果

　ただし、同じ突合せ溶接でも、板厚が厚くなるV形継手の突合せ溶接では、図2-5-3のように適正に溶接電流を大きくすると、1回の溶接で大きい断面の溶接が効率良くできるようになります（この場合、開先状態などに合わせた適正な溶接電流条件の設定が必要で、①過大電流では過大溶融による母材の性能低下、②過小電流では溶け込み不足や融合不良などの欠陥溶接となるので注意が必要です）。

　図2-5-4は、板厚8mmのA5052アルミニウム材のV形継手の突合せ3層仕上げ溶接で、各層を開先状態に合わせた適正な溶接電流条件で溶接した場合の溶接結果です。このように、余分な母材溶融の生じない良好な溶接結果が得られます（アルミニウム材の溶接では、過大溶融を生じさせない適正な溶接電流条件にすることが大切なポイントです）。

第**3**章

交流TIGアーク溶接の
基本と応用作業

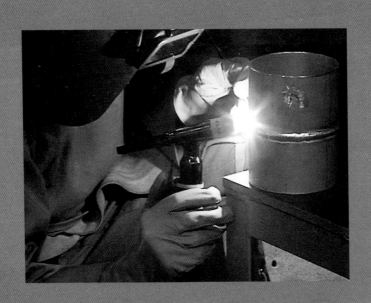

3-1 アークの発生とプール形成、溶接棒の添加作業

　アルミニウム材の交流TIGアーク溶接における溶接棒の添加作業は、単に継手に必要な溶着金属を付ける目的だけでなく、溶接棒の添加時に溶接棒側にプールの熱を伝導させ、プールの温度を下げる目的もあります。ここでは「アルミニウム材の交流TIGアーク溶接」における「アーク発生とプール形成、溶接棒の添加作業」を習得します。

　まず、「作業準備」です。①溶接装置を準備し、溶接用保護具を着け、安全を確認します。②板厚3mm程度のアルミニウム合金板を作業台面と接しないように敷板を使って水平に置き、母材板厚に近い径の同じ材質の溶接棒を準備します（アルミニウム材の交流TIGアーク溶接では、溶接棒の添加でプール温度を下げる効果を確実に得るため、母材板厚に近い径の

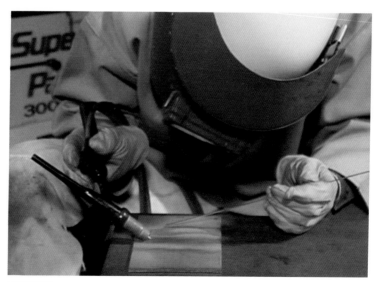

図3-1-1 適切な下向き溶接姿勢

溶接棒を使用することがポイントです）。③溶接電流を80A程度に設定します。④図3-1-1のような適切な「下向き溶接姿勢」で構えます（このように、溶着金属を付けるための溶接棒を浅い挿入角に保持するのがポイントです）。

　では、「アークの発生作業」です。①図3-1-2（a）のように、アーク発生位置が電極先端直下になるようにガスノズルの1点を母材表面に付け、溶接トーチは左右の母材面に対し90°で、進行方向と逆の方向にやや寝かせて保持します。②遮光ヘルメットを下げ、溶接トーチのスイッチを押しアークを発生させます。③アーク発生後は、図3-1-2（b）のように寝かせていた溶接トーチを起こし、溶接トーチが母材面に対してほぼ垂直に近い角度で、溶接棒の添加が可能な程度の電極先端と母材面間の距離（アーク長さ）を保持します。

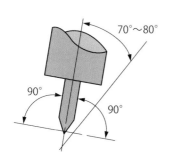

(a)アーク発生前

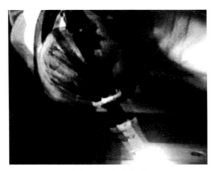

(b)アーク発生後

図3-1-2　アーク発生時の溶接トーチ保持状態

（a）添加前

（b）添加後

図3-1-3 溶接棒の添加操作

図3-1-4 溶接棒添加後の溶接棒の保持状態

　次に、アーク発生後は、①図3-1-3（a）のようにクリーニング作用で母材面が白色に変化し、その中心に銀白色に輝くプールを形成させます。②プールが目標の大きさに達したら、図3-1-3（b）のようにプール先端で溶接棒を添加します（溶接棒の添加後は、溶接棒先端に図3-1-4のような溶融球を形成させないように、溶接棒をアークから少し離れたシールド

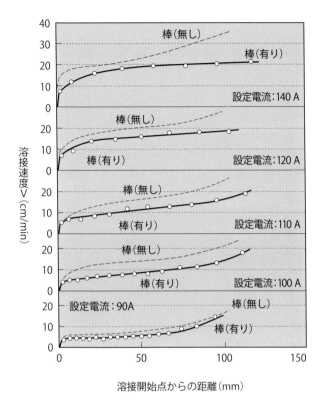

溶接速度V（cm/min）

棒（無し）

棒（有り）

設定電流：140 A

棒（無し）

棒（有り）

設定電流：120 A

棒（無し）

棒（有り）

設定電流：110 A

棒（無し）

棒（有り）

設定電流：100 A

設定電流：90A

棒（無し）

棒（有り）

溶接開始点からの距離（mm）

図3-1-5 アルミニウム材溶接における溶接棒添加の効果

ガス範囲内に保持します）。③溶接終端部でクレータ処理を行い、アーク
を切ります。

　なお、**図3-1-5**は、こうしたアルミニウム材の溶接における溶接棒添加
によるプール冷却作用の効果を、板厚3mmのA5052アルミニウム合金板
の突合せ溶接で確認した結果です（一定溶融の溶接を維持するための溶接
速度が、溶接棒を使用することでゆっくりした変化で可能となっていま
す）。実際の溶接を繰り返しトライしてください。

3-2 溶接棒なしビード溶接作業

　この溶接の基本的な作業のポイントは、直流TIGアーク溶接による「溶接棒なしビード溶接作業」とほぼ同様です（前著『カラー版　はじめての溶接作業』を参照）。したがって、その溶接は、直進で溶接する「ストリンガービード溶接」と、溶接線方向と直角方向に溶接トーチを振りながら進む「ウィービングビード溶接」が行われます。ここでは、アルミニウム材のこの溶接作業を習得します。

　まず、「作業準備」です。①溶接装置を準備し、溶接用保護具を着け、安全を確認します。②板厚3mmで100×100mm程度のアルミニウム合金板（A5052Pなど）を準備し、溶接線とみなす直線を20mm間隔程度にケガき、図3-2-1のようにワイヤブラシで溶接線の酸化膜を除去し、さらに脱脂処理します（これらの処理は、アルミニウム材溶接における欠陥の発生を防止するうえで不可欠な作業です）。

　この溶接では、溶接電流を70〜100A程度に設定します（溶接電流は、

図3-2-1 ワイヤブラシによる酸化膜の除去

必要なプールの大きさが大きくなるに従い、大きく設定します）。なお、アルミニウム材の溶接では、溶接電流を大きく設定すると母材溶融はスムーズになりますが、母材の予熱が進み、次第に溶融する速度が速くなり、これに合わせた速度の調整が必要となります。逆に小電流では、ゆっくりとした速度調整で溶融が一定となる溶接結果を得やすくなります。

　例えば、板厚3mmのA5052Pアルミニウム合金板のストリンガービード溶接による一定速度溶接では、図3-2-2（a）のようなビード幅が連続的に変化する溶融の不連続を発生します。一方、人の五感を生かし、溶接中のプールの大きさを一定に保つように速度制御した溶接では、図3-2-2（b）のように表面、裏面とも均一な溶融状態となり、良好な溶接結果が得られます（こうした速度制御は、作業者が意識することなく、プールの大きさを一定に保つ溶接をすることで行われています）。

　では、「溶接棒なしストリンガービード溶接作業」です。①材料の溶接線裏面が作業台面と接しないように、敷板上に水平にセットします。②図3-2-3の左のように溶接開始位置の先20〜30mmでアークを発生させ、母材を予熱しながら溶接開始位置まで戻るバックステップ法により、図3-2-3の右のように溶接開始位置に目標の大きさのプールを形成させます。

　③目標の大きさのプールが形成できたら、プールの大きさを一定に保つように溶接を進めます。④終端部でクレータ電流制御機能を利用し、図3-2-4のようにクレータ処理を行って溶接を完了させます。

表面ビード

表面ビード

裏面ビード（裏波）

（a）一定速度溶接

裏面ビード（裏波）

（b）速度制御溶接

図3-2-2 アルミニウム合金板の溶接における速度制御の効果

アーク発生前は溶接トーチをやや寝かします

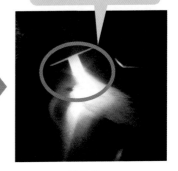
アーク発生後は溶接トーチを直角近くまで立てます

図3-2-3 溶接棒なしストリンガービード溶接作業の溶接開始状態

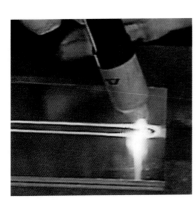

図3-2-4 溶接終端部のクレータ処理

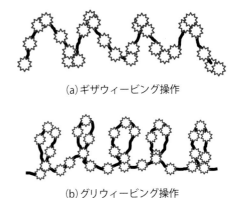
(a)ギザウィービング操作

(b)グリウィービング操作

図3-2-5 ウィービングビード溶接の操作例

　なお、ストリンガービード溶接の1.5〜2.0倍のビード幅が必要となるウィービングビード溶接では、図3-2-5に示すように溶接線を中心に溶接トーチ（アーク）を振る「ウィービング操作」で溶接します。

3-3 溶接棒ありビード溶接作業

　ここでは、直進で溶接する「ストリンガービード溶接」と溶接線方向と直角方向に溶接トーチを振りながら進む「ウィービングビード溶接」を、溶接棒を添加しながら行います。ここでは、アルミニウム材のこの溶接作業を習得します。

　まず、「作業準備」です。①「溶接棒なしビード溶接」の場合と同様に溶接装置、溶接材（溶接線をケガいたアルミニウム合金板）を準備し、溶接材を敷板上にセットします。②母材板厚程度の径で、同質材の溶接棒を準備し、溶接棒も脱脂処理します。

　では、「溶接棒ありストリンガービード溶接作業」です。①溶接電流を80～120A程度に設定します（溶接棒ありビード溶接の場合は、溶接棒なしビード溶接の場合より少し大きい溶接電流に設定します）。②溶接棒な

添加直前の溶接棒先端をプール
先端直上に移動させた状態

溶接棒先端をプール先端に付け、
添加した状態

(a)プールの形成　　　　　　　　　(b)溶接棒添加の操作

図3-3-1 溶接棒ありストリンガービード溶接の溶接開始操作

(a)溶接棒添加

(b)溶接棒の送り操作

図3-3-2 溶接棒ありストリンガービード溶接の溶接状態

しビード溶接と同様、バックステップ法により開始位置の先でアークを発生させ、母材を予熱しながら溶接開始位置まで戻ります。③図3-3-1（a）のように、溶接開始位置でアークを保持し、目標の大きさのプールを形成させます。④目標の大きさのプールが形成できたら、図3-3-1（b）のようにプール先端部に溶接棒を添加します（繰り返しになりますが、溶接棒の添加は、目標の大きさのプールを確実に形成させてから行います）。

　⑤溶接棒添加後は溶接棒先端をアークから少し離し、溶接トーチを少し前進させます。⑥図3-3-2のようにプールの大きさを一定に保つように、プールの形成、溶接棒添加の操作を繰り返しながら溶接を進めます（なお、溶接棒の添加は、プールの形成に合わせて図3-3-2（b）のように親指で溶接棒を押し出して行います）。

　⑦終端部では2〜3回溶接棒を添加した後、図3-3-3のようにクレータ処理を行い、溶接を完了させます（では、実際の溶接を繰り返しトライしてください）。

　次に、「溶接棒ありウィービングビード溶接作業」です。溶接線を中心に溶接トーチ（アーク）を振る「ウィービング操作」で、ストリンガービード溶接の1.5〜2.0倍のビード幅の溶接を行います（この場合の溶接棒の添加は、ビード幅が狭い場合はほぼプール先端の中央部、ビード幅が広い場合はプール先端のアーク位置とは反対となる位置で行います）。図

図3-3-3 溶接終端部のクレータ処理

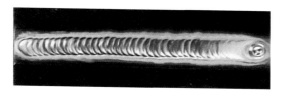

図3-3-4 溶接棒ありウィービングビード溶接の
溶接結果

3-3-4が溶接棒ありウィービングビード溶接の溶接結果で、ビード中心部のビード高さがビード幅の1/4を超える凸ビードとならないこと、母材面を下回る凹みビードを発生していないことなどに注意して溶接棒の添加量を調整しながら溶接します。

なお、溶接中、以下のような不適切状態となった場合、次の手順で修正します。①凸ビードとなる場合は、ウィービング操作の振り幅を少し広げ、溶接棒の添加量を少なくします。②凹みビードとなる場合は、溶接棒の添加を増やします。③アンダーカット欠陥を発生する場合は、ウィービング操作のピッチを狭めて溶接します。

アルミニウム合金薄板の突合せ溶接作業

　ここでは、アルミニウム溶接技能者評価試験の「TN-1F」に相当する板厚3mmのアルミニウム合金板の下向き突合せ溶接を例に、I形継手を1層で仕上げる「アルミニウム合金薄板の完全溶け込み片面突合せ溶接」を習得します。

　「アルミニウム合金板や管の突合せ溶接」では、板厚2mm以下の材料であればI形継手、それ以上の板厚の材料では、I形もしくはV形継手で溶接します（V形などの開先加工を行うと確実な溶け込みが得られやすくなりますが、アルミニウム材の溶接では過大溶融を発生しやすくなります。こうした過大溶融の発生対策には、図3-4-1のような深さ3mm、幅10mm程度のU溝を加工した、銅の裏当て金を使用する溶接が有効となります）。ここでは、裏当て金を用いない片面突合せ溶接を習得します。

　まず、「溶接材の準備」です。①溶接部を清浄した2枚の板を、図3-4-2のように溶接用ジグあるいは作業台面上でルート間隔2mmに正確に設定します。目違いやルート間隔の設定間違いがないように、溶接線の中央と両端付近で10mm程度のタック溶接によりしっかり固定します（アルミニウム材の溶接では、溶接中の材料の膨張によりルート間隔の変化が発生

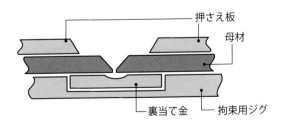

押さえ板
母材
裏当て金
拘束用ジグ

図3-4-1 アルミニウム合金板の突合せ溶接用
裏当て金と拘束用ジグ

しやすいため中央位置でもタック溶接します）。

②タック溶接で固定した溶接材の目違いやルート間隔を図3-4-3のように確認し、異常がある場合は確実に修正します。なお、拘束用のジグを使用しない溶接では、溶接側と反対方向に生じる3〜5°の逆ひずみを取ります（溶接することにより、材料同士が溶接側に持ち上げられる角度変形を生じるため、溶接前に持ち上げられる反対側に曲げておく処理です）。

では、「作業準備」です。①溶接装置を準備し、溶接用保護具を着け、安全を確認します。②溶接材を、敷板上に水平に置きます。③3mm径程度の溶接棒を持ち、図3-4-4のような適切な溶接姿勢で構え、溶接棒および溶接トーチがスムーズに移動できることを確認します。④溶接電流を

図3-4-2　突合せ溶接材の設定とタック溶接

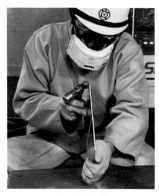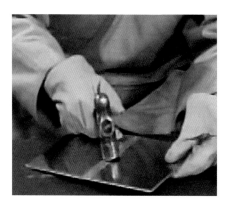

（a）確認作業　　　　　（b）修正、逆ひずみ取り

図3-4-3　タック溶接で固定した溶接材の確認、修正と逆ひずみ取り作業

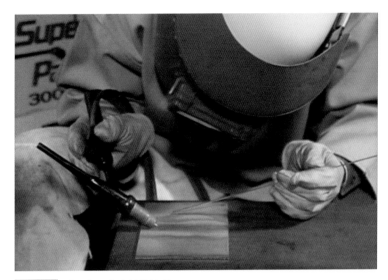

図3-4-4 適切な下向き溶接姿勢

アーク長さの短い状態で
アークを発生させます

アーク発生後は、ややアーク長さを
長くして開始位置に戻ります

図3-4-5 下向き片面突合せ溶接の溶接開始操作

80A程度にセットします。

　次に、「下向き片面突合せ溶接作業」です。①図3-4-5のように、開始
位置から20mm程度先の位置でアークを発生させ、開始位置わずか手前
まで戻るステップバック法により溶接を開始します。②開始部で両母材が

プール先端に沈み込みが
発生するまで待ちます

プールの沈み込みが発生したら
溶接棒を添加します

図3-4-6　溶接開始部のプール形成と溶接棒の添加操作

プール先端部の溶融金属の
沈み込みを確認して溶接棒
を添加します

図3-4-7　下向き片面突合せ溶接の良好な溶接状態

溶融したら、図3-4-6のように溶接棒を添加し、両母材が均等に溶け合う安定した大きさのプールを形成させます。

　③開始位置から前方にゆっくりと移動させ、ルート間隔溝に入った時点で、プールの先端部に図3-4-7のようなプールの沈み込みが形成できたら溶接棒を添加し、少し進みます。④プールの沈み込みの形成、溶接棒添加を繰り返しながら1層の溶接で仕上げます（溶融金属のわずかな盛り上が

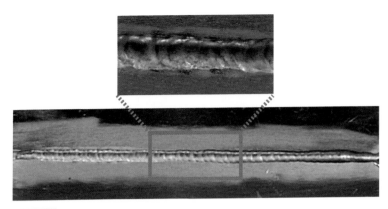

図3-4-8 片面突合せ溶接の裏面溶接結果

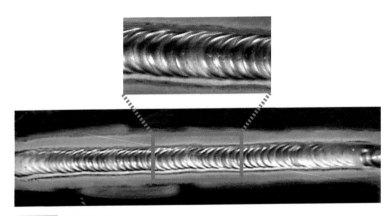

図3-4-9 片面突合せ溶接の表面溶接結果

りが確認できるように溶接棒を添加します）。⑤終端部でクレータ処理を行い、溶接を完了させます。

図3-4-8が、裏面の良好な溶接結果です（裏面ルート部の両母材が確実に溶け合い、均一で安定した裏波を形成していることが必要です）。

また、図3-4-9が表面の良好な溶接結果です。アンダーカットやオーバーラップといった欠陥発生が無く、ビード高さがビード幅の1/4を超える凸ビードや母材面を下回る凹みビードとならず、図3-4-9のような均一なビード幅状態となっていることが必要です。

　なお、溶接中、以下のような不適切状態となった場合、次の手順で修正します。①ルート部が溶け過ぎて、表面ビードの凹みや裏波過大になる場合は、溶接棒の添加量を増やして溶接します。②表面部の溶融が少なく、裏面の溶融も不足するようであれば、アークをやや長くし、小さな振り幅のウィービング操作により、裏波を確実に形成させます。③こうした対応で改善の難しい場合は、溶接電流を設定し直し、プール先端部の凹みの発生を確認しながらウィービング操作で溶接します。

アルミニウム材の溶接では過大溶融が起きやすいため、その対策を工夫しよう！

3-5 アルミニウム合金板の各種姿勢による溶接作業

　ここでは、**3-4**で取り上げたアルミニウム溶接技能者評価試験の「TN-1F」の下向き溶接作業を、立向き（「TN-1V」相当）、横向き（「TN-1H」相当）、上向き（「TN-1O」相当）の各姿勢で行います。なお、いずれの溶接の場合も、溶接材の仮組みを含めた「作業準備」はTN-1Fの場合と同じです（ただし、溶接電流は、下向き姿勢の場合より5〜10A程度下げると良いでしょう）。

　では、「立向き片面突合せ溶接作業」です。**図3-5-1**のように溶接トーチが母材面に対し直角になるように、身体を母材面に対し45°程度傾けて構えます（溶接トーチや溶接棒の保持は、下向き姿勢の状態を立向き姿勢

図3-5-1 適切な立向き溶接姿勢

に移動させた状態となります）。なお、この溶接の場合も、図3-5-1のように溶接トーチならびに溶接棒の保持状態が、溶接中に変化しないよう工夫することがポイントです。この立向き片面突合せ溶接は、1層仕上げの溶接を図3-5-2のような操作で行います（トライしてみましょう）。

プール先端に小穴が
形成されるまで待ちます

小穴が形成されたら
溶接棒を添加します

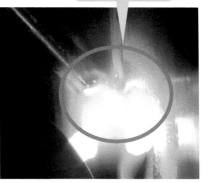

（a）プールの形成

（b）溶接棒の添加

図3-5-2 立向き片面突合せ溶接の溶接状態

図3-5-3 適切な横向き溶接姿勢

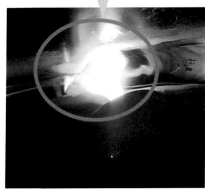

プール先端の凹み
発生を待ちます

（a）プールの形成

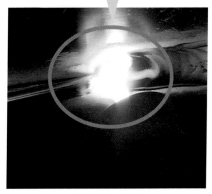

プール先端の凹みを確認
して溶接棒を添加します

（b）溶接棒の添加

図3-5-4 横向き片面突合せ溶接の溶接状態

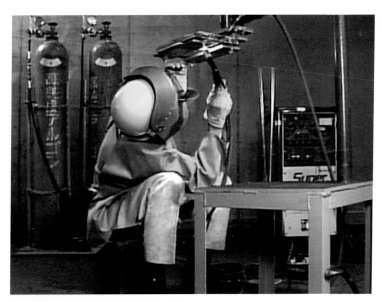

図3-5-5 適切な上向き溶接姿勢

アークを短く保持し、ルート間隔溝が確実に溶けるまで待ちます

ルート間隔溝が溶けるのを確認後、溶接棒を添加します

（a）プールの形成　　　　　　　　（b）溶接棒の添加

図3-5-6 上向き片面突合せ溶接の溶接状態

　次に、「横向き片面突合せ溶接作業」です。溶接トーチが水平に移動できるよう、図3-5-3のように身体を母材面にほぼ平行に構えます（溶接トーチや溶接棒の保持状態が、溶接中に一定に維持できるよう工夫することがポイントです）。この横向き片面突合せ溶接は、1層仕上げの溶接を図3-5-4のような操作で行います（トライしてみましょう）。

　続いて、「上向き片面突合せ溶接作業」です。溶接中の溶接状態がよく見えるよう、図3-5-5のように身体を溶接線に対し45°程度傾けて構えます（溶接トーチや溶接棒の保持状態が、溶接中に一定に維持できるよう工夫することがポイントです）。この上向き片面突合せ溶接は、1層仕上げの溶接を図3-5-6のような操作で行います（トライしてみましょう）。

　なお、これらの溶接作業で目標とする裏波（裏面ビード）、表面ビードの仕上がり状態、溶接中に不適切状態となった場合の修正方法なども3-4のTN-1Fの作業で示したものと同じです（しっかり確認し、良好な溶接結果が得られるように繰り返しトライしましょう）。

3-6 アルミニウム合金管の突合せ溶接作業

　ここでは、アルミニウム溶接技能者評価試験の「TN-1P」に相当する板厚4mmのA5083アルミニウム合金管の突合せ溶接を例に、V形継手を2層で仕上げる「アルミニウム合金管の完全溶け込み片面突合せ溶接」を習得します（なお、TN-1Pの試験では、1本の管の下側半分を水平固定で、残る半分は鉛直固定の状態で溶接します）。

　「アルミニウム合金管の突合せ溶接」の概要です。①この溶接では、裏波（裏面ビード）を安定して形成させるため図3-6-1（a）に示す開先形状に加工します。②開先加工した管は、溶接部の酸化膜を除去し脱脂処理した後、図3-6-1（b）のようなアングル材などを利用した仮組みジグを使用して密着状態にセットし、3〜4カ所をタック溶接で固定します。

　通常の「水平固定管の突合せ溶接作業」は、図3-6-2に示すように①底部から上向き姿勢で溶接を開始し、順次、立向き、下向きに姿勢を変えな

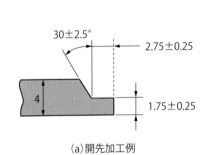

（a）開先加工例

（b）ジグを使用したタック溶接

図3-6-1 アルミニウム合金管の突合せ溶接材の作製

がら進めます（なお、連続して溶接することが難しい場合は、上向きから立向き姿勢に移る位置付近で、一旦溶接を止めます）。②姿勢を変え、ビード継ぎ溶接により立向き、下向き姿勢の溶接を連続して行います（図3-6-3（a）が上向き姿勢での溶接状態、（b）が立向き姿勢での溶接状態です）。③管の最上部付近で片側の溶接を完了させます。④反対側も同様に溶接します（なお、ビード継ぎ溶接は、継ぎ部となるそれぞれのクレータ部が溶融しやすいように、溶接棒の添加量を少なく抑え、バックステップ法により継ぎ部をよく予熱して行います）。

では、「第1層裏波溶接作業」です。①溶接電流を100A程度に設定します。②バックステップ法により上向き姿勢で溶接を開始し、板材の片面突合せ溶接作業の要領で裏波溶接を進めます（裏波溶接は、ルート部を完全に溶融させることで行います）。③上向き姿勢から立向き姿勢に移る位置

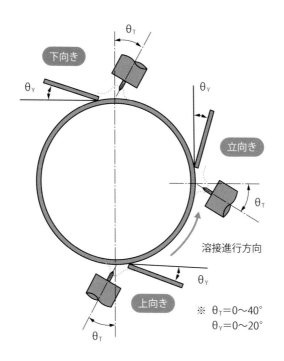

※　$\theta_T = 0 \sim 40°$
　　$\theta_Y = 0 \sim 20°$

図3-6-2 水平固定管の全姿勢溶接

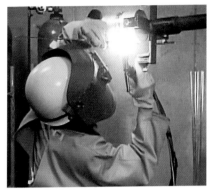
(a)上向き溶接

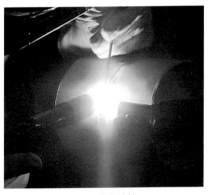
(b)立向き溶接

図3-6-3 アルミニウム合金管の突合せ溶接における各姿勢の溶接状態

(a)表面ビード

(b)裏面ビード
　（裏波）

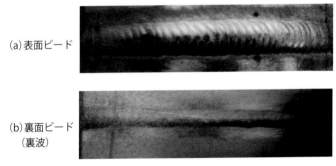

図3-6-4 アルミニウム合金管の水平固定突合せ溶接の溶接結果

で一旦溶接を止め、ビード継ぎ溶接で立向き、下向き姿勢の溶接を行います。④管の最上部付近でアークを切り、反対側も同様に溶接します。

　次に、「第2層（仕上げ層）溶接作業」です。①溶接電流90A前後で、第1層ビード表面、残った開先面、開先両端を1mm程度溶かし、溶接棒を添加しながら溶接します。②終端部で、十分なクレータ処理を行って溶接を完了させます。

　図3-6-4は、アルミニウム合金管の水平固定突合せ溶接の溶接結果です。

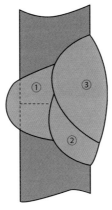

図3-6-5　2パスによる第2層（仕上げ層）の
溶接例

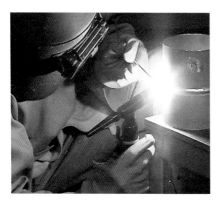 

図3-6-6　鉛直固定管の突合せ溶接の溶接状態

　なお、第2層（仕上げ層）の溶接は、図3-6-5のような2パスの溶接に
すると、溶接がやりやすくなります。

　続いて、「鉛直固定管の突合せ溶接作業」です。図3-6-6のように、横
向き姿勢で管の曲面に沿わせながら溶接します（100A前後の溶接電流
で、水平固定管の場合と同じように2層で仕上げます）。なお、そのまま
の姿勢では溶接が続けられない位置で、2回程度アークを切り、身体の位
置を変えて溶接します。

3-7 アルミニウム合金板の水平すみ肉溶接作業

　すみ肉溶接は、図3-7-1（a）のように、水平材と垂直材を合わせたルート部に、必要な強さを得るために溶着金属を溶接する作業です（なお、図3-7-1（b）の重ね継手の溶接も同様の目的で行う作業となります）。ここでは、板厚3mmのA5052アルミニウム合金板の水平すみ肉溶接を例に、「アルミニウム合金板のすみ肉溶接作業」を習得します。

　まず、「作業準備」です。手順は、これまでの溶接と同じです。また「溶接材の準備」は、**1-5**の「薄鋼板の水平すみ肉溶接作業」と同様の手順で、裏面側にタック溶接し、溶接線が水平になるようにセットします（この場合、図3-7-2のように溶接部の酸化膜の除去を確実に行い、始終端の溶融が得られやすいようにタック溶接は端部から20mm程度内側で行います）。

　「水平すみ肉溶接」では、図3-7-3の左のような作業姿勢で構え、右のように溶接トーチを保持します（アルミニウム材のすみ肉溶接では、特に水平材の溶融を確保するための工夫がポイントで、水平材を作業台面から浮かせて設定したり、水平母材のルートよりやや手前を狙って溶接します）。

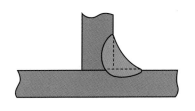

(a)すみ肉溶接　　　　　　　　(b)重ね継手溶接

図3-7-1 すみ肉と重ね継手の溶接

では、「水平すみ肉溶接作業」です。①バックステップ法で溶接開始位置まで戻り、両母材が均等に溶融する指示された脚長に近い大きさのプールを形成させます。②プールが形成できたら、溶接棒を添加します。③図3-7-4（a）のような指示脚長に近い大きさのプールの形成と、（b）のような溶接棒の添加作業を繰り返しながら溶接を進めます。④終端部で何度か溶接棒添加を行い、クレータ処理して溶接を完了させます。

　この水平すみ肉溶接で目標とする仕上がりビード状態は、①必要な脚長のビードであること、②図3-7-5のように両母材の止端部でよくなじんだビードであること、③ルート部で両母材が融合し合う溶け込みが得られていることです。なお、水平すみ肉溶接においてルート部が確実に溶け、求

溶接部分の酸化膜を除去し、裏面でタック溶接により固定します

図3-7-2　すみ肉継手の仮組み状態

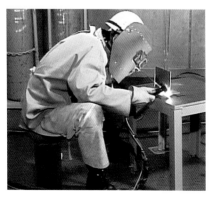

図3-7-3　水平すみ肉溶接の作業姿勢と溶接トーチの保持の仕方

ルート部の溶けるプール
の形成がポイント

目標の大きさのプールが形成
できたら溶接棒を添加します

(a) プールの形成

(b) 溶接棒の添加

図3-7-4 水平すみ肉溶接のプール形成と溶接棒の添加

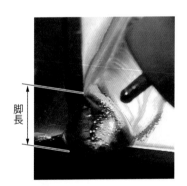

脚長

図3-7-5 水平すみ肉溶接の溶接
結果

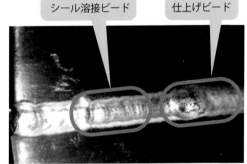

シール溶接ビード

仕上げビード

図3-7-6 2層仕上げの水平すみ肉溶接の溶接
結果

める脚長のビードに仕上げるためには、まず、やや大きい溶接電流でアークをつめることで、図3-7-6のようにルート部を確実に溶かす溶接棒なしシール溶接を行い、そのシール溶接面を溶かしながら求める脚長まで両母材を溶かして溶接棒を添加する溶接が有効となります（トライしてみましょう）。

3-8 マグネシウム材の溶接作業

　マグネシウム（Mg）材は、軽いことから材料1g当たりの強度が大きく、その特徴を生かして携帯電話やパソコンの筐体、自動車部品などに利用されています。ただ、加工は難しく、溶接のニーズもそれほど多くないのが現状です（ただし、今後は、その特徴を生かした製品設計・開発も進み、それにより溶接のニーズも大いに高まることが予想されます）。ここでは、マグネシウム材の溶接に必要な知識を習得します。

　図3-8-1は、代表的なAZ31マグネシウム合金板の加工を常温で試みた結果です。材料にわずかな変形を与えた加工の初期段階で、図3-8-1のような割れが発生し、常温における成形加工が極めて難しい材料であることがわかります（このようなマグネシウム合金板の形状に加工するのも大変で、通常は精密鋳造、あるいは高温加熱状態で加工を加えることにより製品形状を得ています）。

変形の進む頂点部では、わずかな伸び変形でも割れを発生しています

図3-8-1 マグネシウム合金板の常温加工例

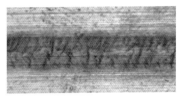 

(a)直流TIGアーク溶接 　　　　　　(b)交流TIGアーク溶接

図3-8-2 マグネシウム合金板のTIGアーク溶接結果

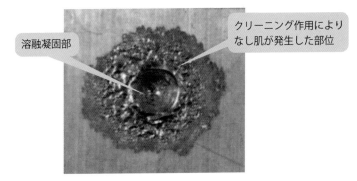

溶融凝固部

クリーニング作用により
なし肌が発生した部位

図3-8-3 マグネシウム材の交流TIGアーク溶接部のなし肌

　なお、常温で放置すると、材料表面に灰白色の酸化膜を形成するため、材料の保管や加工後の表面処理にも特段の注意が必要です。また、加工などによって発生する金属粉や切削くずは発火性が高く、着火後、爆発する危険があります（これらの事柄は、常に頭に置いて作業してください）。

　では、「マグネシウム材の溶接作業」です。マグネシウム材の溶接は、物理的性質の近いアルミニウム材の溶接と似ています（したがって、クリーニング作用の無い直流TIGアーク溶接では、図3-8-2（a）のように酸化膜により融合が妨げられ、クリーニング作用の得られる交流TIGアーク溶接を使用することで（b）のような良好な溶接結果が得られます）。

　ただし、通常条件におけるマグネシウム材の交流TIGアーク溶接では、図3-8-3のようにクリーニング部の表面粗さが素材に比べ極端に大きくなり、表面がなし肌状になってしまいます。

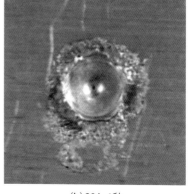

(a) 50A、6秒　　　　　　　　　　(b) 80A、1秒

図3-8-4 アークの照射時間を変化させた場合の溶接結果例

溶融金属は、表面張力が小さいため大きく垂れ下がっています

垂れ下がった部分で一旦、溶け落ちが発生した後は回復、溶融金属が一定量に達するまで溶接状態を保持します

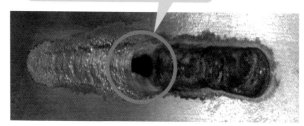

(a) 溶融状態　　　　　　　　(b) 溶け落ち状態

図3-8-5 マグネシウム材の溶接における溶融状態と溶け落ち状態

　こうしたなし肌発生の対策として、溶接中のクリーニング幅を少なく抑える条件で溶接を試みました（しかし、改善効果は得られません）。そこで、アークの照射時間を変化させてみました。すると、短い照射時間で溶接した場合には図3-8-4（b）のように肌荒れ（なし肌）発生が改善される結果が得られました（このように、マグネシウム材の溶接で、なし肌発生が少なく良い外観品質を得るためには、やや大きい溶接電流で短い時間

(a)表面ビード

(b)裏面ビード（裏波）

図3-8-6 裏当て金を使用したマグネシウム材の片面突合せ溶接の溶接結果

(a)A5052

(b)SUS304

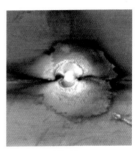
(c)AZ31

図3-8-7 TIGアークスポット溶接における材料によるルート部の融合の違い

で溶接することが有効であることがわかります）。

　ただし、溶融したマグネシウム材は、図3-8-5（a）のように粘さ（表面張力）が極めて小さく、大きい溶接電流条件では溶接中に（b）のような溶け落ちが発生しやすくなります。

　図3-8-6は、マグネシウム材の溶接で発生しやすい溶け落ち対策として、浅いU溝を加工した裏当て金を使用した場合の溶接結果です。表面、裏面とも良好な溶接結果が得られています。

　また、マグネシウム材のすみ肉溶接では、同じ交流TIGアーク溶接で溶接したアルミニウム材の溶接（図3-8-7（a））とは異なり、垂直材と水平材の合わせルート部で、（b）の直流TIGアーク溶接によるステンレス材の溶接に近い、（c）のような良好なルート部の融合が得られます。こうしたことから、板厚2mmのAZ31マグネシウム合金板のすみ肉溶接において

図3-8-8 板厚2mmのAZ31マグネシウム合金板の
すみ肉溶接の溶接結果

も、図3-8-8のような良好な溶接結果が得られています（なお、マグネシ
ウム材は、熱伝導率がアルミニウム材と鉄の中間程度であり、アルミニウ
ム材の一定ビード幅溶接のために必要である速度制御のような熱源操作は
必要がなく、良好な溶接結果が得られやすくなります）。

マグネシウムは、加工など
で発生する金属粉が発火し
やすく、爆発する危険があ
るので注意しよう！

Memo

第4章

炭酸ガス半自動
アーク溶接の応用作業①

4-1 薄鋼板の下向き突合せ溶接作業

　ここでは、JISの溶接技能者評価試験の「SN-1F」に相当する板厚3.2mmの薄鋼板の下向き突合せ溶接を例に、片側1層の溶接で材料を一体化して**図4-1-1**のようなⅠ形継手を作製する「薄鋼板の下向き突合せ溶接」を習得します。

　薄鋼板の突合せ溶接は、板厚4mm以下であれば**図4-1-2**（a）のⅠ形、（b）のⅤ形、あるいは（c）の疑似Ⅴ形継手となり、より厚い材料ではⅤ形継手で溶接します（なお、Ⅴ形などの開先加工を行った継手は、作業が行いやすく品質の良い溶接が安定的にできるようになります）。

　まず、「作業準備」です。①溶接装置を準備し、**図4-1-3**のように溶接用保護具を着け、安全を確認し、適正な溶接姿勢で構えます。

図4-1-1 片側1層で材料を一体化した薄鋼板のⅠ形継手

(a) Ⅰ形継手　　　　(b)Ⅴ形継手　　　　(c)疑似Ⅴ形継手

図4-1-2 薄鋼板の突合せ溶接の開先形状

②2枚の板は、**図4-1-4**のように溶接用ジグあるいは作業台面上でルート間隔を正確に1.2〜1.6mmに設定し、目違いやルート間隔の設定間違い

各保護具を着け、溶接トーチを持つ手を水平に、一方の手は溶接トーチを持つ手に添えます

図4-1-3 溶接用保護具の着用と適正な下向き溶接姿勢

(a)溶接材の設定

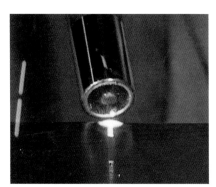

(b)タック溶接

図4-1-4 溶接材の仮組み作業

図4-1-5 目違い、ルート間隔、逆ひずみなどの確認

がないように、母材裏面を10mm程度のタック溶接でしっかり固定します。

　③図4-1-5のようにタック溶接で固定した溶接材の目違いやルート間隔を確認し、異常がある場合は確実に修正します（なお、ここで行う拘束用ジグを使用しない溶接では、3〜5°の逆ひずみを取ります）。

　では、「薄鋼板の下向き突合せ溶接作業」です。①溶接材を、敷板などを利用して裏面と作業台面の間に空間を持たせ水平に置きます。②図4-1-3のように適正な下向き溶接姿勢で構え、アークを発生させない状態で溶接トーチが溶接線に沿ってスムーズに移動できることを確認します。③溶接条件を110A、19V程度にセットします。④溶接開始位置のタック溶接部でアークを発生させ、溶接トーチを15°程度の前進角で左右に小さく振るウィービング操作により両母材を均等に溶融させます。⑤開始部で両母材が均等に溶け合い安定した大きさのプールが形成できたら、前方にゆっくりとストレートに移動させ、ルート間隔溝に入った時点で、図4-1-6（a）のようにアークはプール先端部を狙い、ストレートにやや速い速度で溶接を進めます。⑥終端部で図4-1-6（b）のようにクレータ処理を行い、溶接を完了させます。

プール先端部において溶融金属がルート間隔溝に沈み込む状態で、素早く溶接を進めます

溶接終端部では、溶融金属が盛り上がる状態のクレータ処理を行います

(a)溶接の状態 　　　　　　　　　(b)クレータ処理

図4-1-6 薄鋼板の下向き突合せ溶接の溶接状態

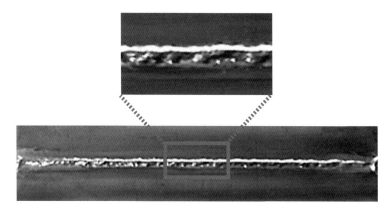

図4-1-7 薄鋼板の下向き突合せ溶接における裏波形成結果

　図4-1-7は、この溶接における裏面の溶接状態です。ルート部の両母材が確実に溶け合い、均一で安定な裏波を形成していることが必要です（そのためには適正なルート間隔と溶接条件の設定が特に重要となります）。

　図4-1-8は、この溶接における表面ビードの形成状態です（ビード高さ

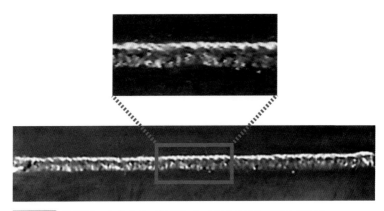

図4-1-8 薄鋼板下向き突合せ溶接における表面ビード形成結果

がビード幅の1/4以下程度で、高さ、幅とも均一に仕上がっていることが必要です）。

　なお、この溶接では、設定したルート間隔に見合う溶接電流条件でストレートで溶接しますが、溶接中、以下のような不適切状態となった場合は、次の手順で修正します。①溶接途中に穴が開くようであれば、溶接トーチを寝かせ、アークをプール中心位置に戻して溶接します。②溶融金属が盛り上がり裏に抜けないようであれば、溶接トーチを立てて速度を速めて溶接します。③前記の①、②の対応で改善の難しい場合は、溶接電流条件やルート間隔の調整で対応します。さらに、I形開先を疑似V形（ルート間隔は2mm程度）もしくはV形（ルート間隔1.2mm程度）の開先に設定し、ルート間隔よりやや広い振り幅の小刻みなウィービング操作で溶接します。

4-2 裏当て金なし下向き片面突合せ第1層裏波溶接作業

炭酸ガス半自動アーク溶接による板厚6～19mmの軟鋼板の裏当て金なし片面突合せ溶接により、2～6層の溶接で材料を一体化して60°程度のV形継手を作製します。ここでは、JISの溶接技術者評価試験の「SN-2F」に相当する板厚9mmの軟鋼板の下向き片面突合せ溶接を中心に、「裏当て金なし下向き片面突合せ第1層裏波溶接」を習得します。

まず、「作業準備」です。①溶接装置を準備し、溶接用保護具を着け、安全を確認します。②溶接する材料の溶接線部分を図4-2-1に示すように開先加工します。

③加工した2枚の板を図4-2-2のようにルート間隔2mmに設定、母材裏面で目違いやルート間隔の設定間違いがないように10mm程度のタック溶接でしっかり固定します。

④タック溶接で固定した溶接材の目違いやルート間隔を確認し、異常がある場合は確実に修正します（なお、拘束用のジグを使用しない溶接で

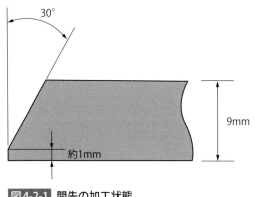

30°

9mm

約1mm

図4-2-1 開先の加工状態

ルート間隔 2mm

図4-2-2 溶接材の仮組み状態

は、3〜5°の逆ひずみを取ります）。⑤溶接材を、敷板などを利用して裏面と作業台面の間に空間を持たせ水平に置きます。⑥開先底部の溶接となるため、ワイヤ突き出し長さを20mm程度にカットします（この状態で溶接条件を120A、19.5V程度にセットします）。⑦溶接トーチを持ち、**図4-2-3**のように適正な前進角下向き溶接姿勢で構えます（このとき、アークは出さず、溶接トーチを溶接線に沿ってスムーズに移動できることを確認します）。

　では、「第1層裏波溶接作業」です。①溶接開始位置でアークを発生させ、前進角の小さいウィービング操作により両母材が均等に溶け合う安定したプールを形成させます。②安定したプールが形成できたら、小さいウィービング操作を続けながら前方にゆっくりと移動させます。

　③ルート間隔溝に入った時点で、プールの先端部に凹みもしくは小穴が形成できたら、**図4-2-4**のようにルート間隔幅程度の振り幅のギザウィービング操作で、小穴の形成を確認しながら進みます。④終端部でクレータ処理を行い、溶接を完了させます（実際の溶接にトライしましょう）。

　この溶接では、**図4-2-5**のように裏面ルート部の両母材が確実に溶け合い、均一で安定な裏波を形成していることが必要です。

　なお、溶接中、以下のような不適切状態となった場合は、次の手順で修

図4-2-3 適正な前進角下向き溶接姿勢

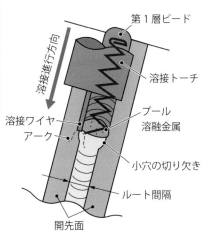

第１層ビード

溶接トーチ

溶接進行方向

溶接ワイヤ

アーク

プール
溶融金属

小穴の切り欠き

ルート間隔

開先面

図4-2-4 第１層裏波溶接の溶接状態

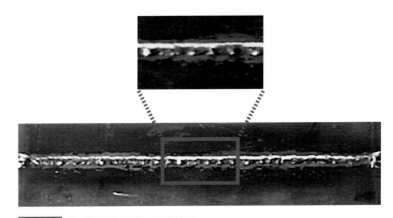

図4-2-5 第1層裏波溶接の溶接結果

正します。①溶接途中に穴が開くようであれば、溶接トーチを少し寝か
せ、アークをプール中心位置に戻して溶接します。②溶融金属が盛り上が
り裏に抜けないようであれば、溶接トーチを立て振り幅を狭めます。③前
記①や②の対応で改善の難しい場合は、溶接電流条件やルート間隔の調整
で対応します（板厚が厚い場合は、溶接電流を5〜10A程度高め、振り幅
も広げて溶接します）。

4-3 中板の裏当て金なし下向き片面突合せ第2層〜仕上げ層溶接作業

　ここでは、JISの溶接技能者評価試験の「SN-2F」の溶接を例に、板厚9mm前後の「中板の軟鋼板の裏当て金なし下向き片面突合せ溶接における第2層〜仕上げ層溶接」を習得します。

　SN-2Fの第2層の溶接は、この溶接が最終仕上げ層前の溶接となります（片面突合せ溶接の仕上げ層前溶接は、最終仕上げ層溶接の仕上がりを考慮し、母材面より1mm程度低く仕上げておくことが必要です）。なお、第2層を含めた中間層溶接は、下向きすみ肉溶接の中間層溶接と同じで、大きい溶接電流の後退角ギザウィービング操作で溶接します（前進角で溶接する場合は、グリウィービング操作の溶接が良いでしょう）。

　では、SN-2Fの「第2層（仕上げ層前）溶接作業」です。①「作業準備」、「作業姿勢」などは第1層裏波溶接作業と同様です。②第1層裏波溶

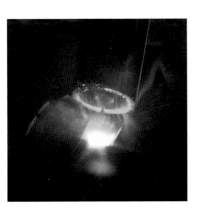
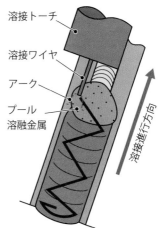

溶接トーチ
溶接ワイヤ
アーク
プール
溶融金属
溶接進行方向

図4-3-1 第2層（仕上げ層前）溶接の溶接状態

左側開先面を
確実に溶かす操作

(a)アークが向かい側の開先面

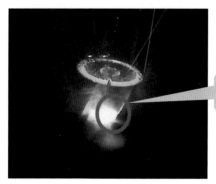

右側開先面を
確実に溶かす操作

(b)アークが手前側の開先面

図4-3-2 第2層（仕上げ層前）溶接のキザウィービング操作

接の溶接部表面および残った開先面をワイヤブラシで清浄、溶接材を水平
に置きます。③160〜180A、20.5〜21V程度の溶接条件で、図4-3-1の
ように第1層ビード幅程度の振り幅の後退角ギザウィービング操作で溶接
を進めます（この溶接では、母材面より1mm程度低く仕上げておくこと
が必要で、図4-3-1のように溶融金属が盛り上がらないように、プール溶
融金属の状態をよく観察しながらキザウィービング操作のピッチや溶接速
度を調整します）。

　図4-3-2は第2層（仕上げ層前）溶接作業のキザウィービング操作を
行っている溶接状態を示したもので、（a）が向かい側の開先面、（b）が手
前側の開先面の溶接状態です。アークは第1層ビード表面近くで操作し、

母材面より1mm程度低く
なる状態に溶接します

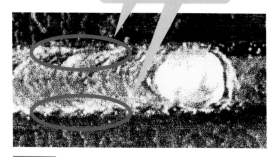

図4-3-3 第2層（仕上げ層前）溶接の溶接結果

開先端を1mm程度溶
かして溶接します

図4-3-4 第3層（仕上げ層）溶接の溶接結果

母材面より1mm程度低い位置まで溶融させる溶接を行います。

　図4-3-3は、第2層（仕上げ層前）溶接の溶接結果です。第1層裏波溶接のビード表面、開先面ともよくなじんだ状態で母材面より1mm程度低く平坦に仕上げています。

　次に、SN-2Fの「第3層（仕上げ層）溶接作業」です。後退角のギザウィービング操作で、**図4-3-4**のように開先の両止端部を1mm程度溶かす溶接を進めます。終端でアークを断続させるなどのクレータ処理を行い、溶接を完了させます（実際の溶接にトライしましょう）。

4-4 厚板の裏当て金なし 下向き片面突合せ溶接作業

　ここでは、JISの溶接技能者評価試験の「SN-3F」に相当する板厚19mmの溶接を例に、「厚板の軟鋼板の裏当て金なし下向き片面突合せ溶接」を習得します（この溶接では、第1層裏波溶接から最終仕上げ層溶接までを6層で溶接します）。

　では、SN-3Fの「第1層裏波溶接作業」です。4-3のSN-2Fの場合に比べ板厚が厚くなった分、溶接電流を少し高め、振り幅も少し広げた前進角ギザウィービング操作で溶接します。

　次に、「第2層溶接作業」です。図4-4-1のように第1層ビード幅程度の振り幅の後退角ギザウィービング操作で、ルート部の第1層ビード表面および両側の開先面を確実に溶かすようにゆっくりしたピッチで溶接します。

第1層ビード表面近くで、両開先面を確実に溶かすウィービング操作で

広い開先部を確実に溶かす、大きい振り幅のゆっくりとしたウィービング操作で

図4-4-1 第2層溶接の溶接状態

図4-4-2 第4層溶接の溶接状態

　続いて、「第3層、第4層溶接作業」です。いずれの場合も、溶着金属で埋める断面の面積が広がった分、**図4-4-2**に示す第4層溶接のように大きい振り幅のゆっくりとしたウィービング操作で溶接します（なお、ウィービング操作は、必要な溶着金属の量に合わせ振り幅と速度を調整します）。

　図4-4-3が、この溶接を含めた中間層の溶接結果です。いずれの層の溶接も、溶着金属が前層ビード表面、開先面とよくなじみ、平坦に仕上がっていることがポイントとなります。

図4-4-3　第1層から第4層の溶接結果

片側の開先面と前層のビード中心部まで溶かすウィービング操作で

1パス目と反対の開先面と1パス目ビード中心部まで溶かすウィービング操作で

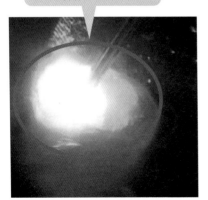

(a) 1パス目の溶接　　　　　　　　(b) 2パス目の溶接

図4-4-4　第5層（仕上げ層前）の2パス1層仕上げの溶接状態

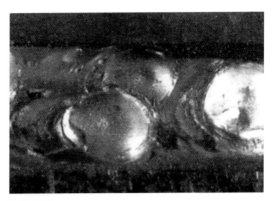

図4-4-5 第5層（仕上げ層前）溶接の溶接結果

図4-4-6 第6層（仕上げ層）溶接の溶接結果

　さらに、「第5層（仕上げ層前）溶接作業」です。この溶接では、溶接する断面が広がることで1パス溶接では確実な溶接が難しいため、2パス1層による溶接を行います。**図4-4-4**（a）が1パス目の溶接状態で、母材面から1mm程度低い開先面まで溶かしながら開先中央位置程度までを溶接します。また、2パス目は、図4-4-4（b）のように反対の開先面を同じように溶かしながら1パス目のビード中心程度まで溶接します。

　図4-4-5が2パス1層による第5層（仕上げ層前）溶接の溶接結果です。最終仕上げ層前の溶接となることから、母材面より1mm程度低く、開先面ともよくなじんで平坦なビードに仕上がっていることがポイントです。

　最後に、「第6層（仕上げ層）溶接作業」です。これまでの溶接で材料

が加熱されている分、溶接電流を10A程度下げた状態で開先上端を1mm程度溶かしながら、第5層（仕上げ層前）溶接と同じ2パス1層の溶接で仕上げます（この溶接は、ギザウィービング操作でも溶接は可能ですが、グリウィービング操作の方が前進角、後退角いずれでも仕上がり良く溶接できます）。

図4-4-6が、2パス1層による溶接で仕上げた第6層（仕上げ層）溶接の溶接結果です。

厚板の溶接では層を重ねるごとに溶接する断面が広くなっていくため、溶接トーチの振り幅と速度に注意しながら溶接を進めよう！

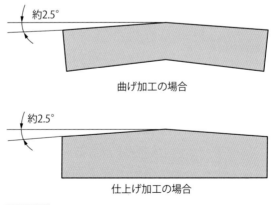

4-5 中板の裏当て金あり 下向き片面突合せ溶接作業

　「裏当て金あり突合せ溶接」は、第1層溶接の安定性を高めるため、継手ルート部裏面に母材と同質材料の当て金を当て、この当て金を含めてルート部を安定に溶融させ、継手部を一体化する方法です。ここでは、JISの溶接技能者評価試験の「SA-2F」に相当する板厚9mmの軟鋼板の溶接を例に、3～4層で仕上げる「中板の裏当て金あり下向き片面突合せ溶接」を習得します。

　この溶接における溶接材の仮組みにあたり、まず、①溶接によるひずみ（変形）対策として、**図4-5-1**に示すように、曲げ加工や仕上げ加工により裏当て金を2.5°程度の山形に加工します（なお、ひずみ防止用拘束ジグなどを使用する場合は、この加工は不要です）。②ベベル角30°に開先加工した面に1mm以下のルート面を加工し、溶接材および裏当て金の接合面の酸化膜（スケール）を確実に除去します。

　③ルート間隔を4mm程度に設定し、**図4-5-2**のように溶接材を仮組み

約2.5°

曲げ加工の場合

約2.5°

仕上げ加工の場合

図4-5-1 裏当て金の加工

します（このように材料両端の表面もしくは裏面に10mm程度のタック溶接でしっかりと固定します。このとき、仮組み溶接材のルート間隔に間違いがないか、また、溶接材と裏当て金との間にすき間がないかなどを確認し、異常のある場合はしっかりと修正します）。

　まず、「作業準備」です。①これまでに示した手順で作業準備を整えます。②仮組み溶接材を作業台面の敷板上に水平にセットします。③溶接条件を170〜180A、21V程度に設定します。④図4-5-3のように後退角の溶接姿勢で構え、溶接トーチの動きを確認します。

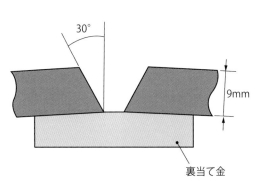

30°

9mm

裏当て金

図4-5-2 溶接材の仮組み

図4-5-3 適正な後退角の下向き溶接姿勢

(a)開始位置

(b)中間位置

(c)終端位置

図4-5-4 第1層裏波溶接の各位置における溶接状態

　では、「第1層裏波溶接作業」です。①図4-5-4（a）のように開先外の裏当て金でアークを発生させます。②図4-5-4（b）のように、開先底の両ルート部を確実に溶かしながら、ルート間隔程度の振り幅の後退角ギザウィービング操作で溶接を進めます。③終端部の開先外で図4-5-4（c）のようにクレータ処理を行い、アークを切ります。

　次に、「第2層溶接作業」です（ここでは、第2層溶接を仕上げ層前溶接とします）。**図4-5-5**のように、第1層ビード幅程度の振り幅の後退角

左側開先面と第1層ビード
表面を確実に溶かします

右側開先面と第1層ビード
表面を確実に溶かします

（a）アークが向かい側の開先面　　　　　　（b）アークが手前側の開先面

図4-5-5　第2層（仕上げ層前）溶接の溶接状態

左側開先端を1mm程度
溶かします

右側開先端を1mm程度
溶かします

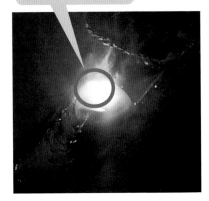

（a）アークが向かい側の開先面　　　　　　（b）アークが手前側の開先面

図4-5-6　第3層（仕上げ層）溶接の溶接状態

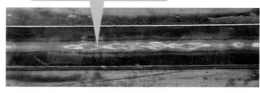

裏当て金の中央部に焦げ跡が
出ていることが必要です

(a) 裏当て金の裏面状態

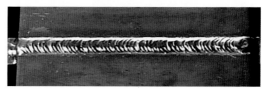

(b) 表面ビード状態

図4-5-7 裏当て金あり片面突合せ溶接の溶接結果

ギザウィービング操作により母材面より1mm程度低い位置まで溶接を進め、終端部の開先外でクレータ処理を行い、アークを切ります。

　最後に、最終層となる「第3層（仕上げ層）溶接作業」です。4-3のSN-2Fの仕上げ層溶接作業と同様、**図4-5-6**のように開先端を1mm程度溶かしながらビード高さが高くならないように溶接を進め、終端部の開先外でクレータ処理を行い、アークを切ります。

　なお、この溶接では、裏当て金のルート部分が確実に溶け、この部分で材料が一体化されていることがポイントです。この確認は、裏当て金の裏面において図4-5-7（a）のような加熱による焦げ跡が溶接線全長で発生していることで行います。また、図4-5-7（b）の表面ビードは、均一で欠陥の発生が無く、始端と終端の処理が良好に行われていることがポイントです。

第 5 章

炭酸ガス半自動
アーク溶接の応用作業②

5-1 立向きストリンガービード溶接作業

　「立向きストリンガービード溶接」は、下から上に上がっていく「上進溶接」と、上から下に下がっていく「下進溶接」があります（上進溶接では確実な溶け込みが得られ、下進溶接では十分な溶け込みは得られないものの効率の良い溶接が可能です）。ここでは、上進および下進の「立向き

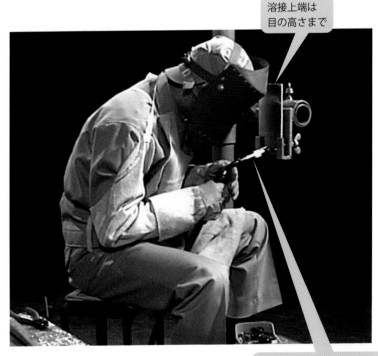

溶接上端は
目の高さまで

溶接トーチが母材に垂直と
なるよう構えます

図 5-1-1 適切な立向き溶接姿勢

ストリンガービード溶接」を習得します。

　まず、「作業準備」です。①溶接装置を準備し、保護具を着け、安全を確認します。②板厚6〜9mm、100×150mm程度の軟鋼板を準備し、溶接線とみなす直線を20mm間隔程度にケガキ、溶接線の裏面が作業用ジグ面と接しないように垂直にセットします。③図5-1-1のように、溶接トーチが母材面に対し90°になるように、身体を母材面に対し45°程度傾けて構え、溶接材の最上部が目の高さを超えないように設定します（目の高さを超えると、溶接トーチの保持角度が不適切となり、適正な溶接状態が得られません。注意が必要です）。

　では、「立向き上進ストリンガービード溶接作業」です。①溶接トーチを上下させ、溶接トーチの保持状態に無理がなく一定に保てることを確認します。②溶接条件を80〜90A、19V程度に設定します。③下端の開始位置でアークを発生させ、安定したプールが形成できたら上方に向かって溶接を進めます（このとき、図5-1-2（a）のように溶融金属は重力で垂れ、アークが母材を直接加熱することで確実な溶け込みが得られますが、過大電流条件では、（b）のように母材をえぐり、不連続なビードとなりま

溶融金属の垂れを抑え、連続したビードを得ます

母材面をえぐり、過剰な溶融金属が垂れ、不連続なビード状態になります

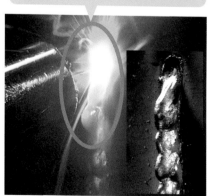

（a）適正溶接条件の溶接状態　　　（b）過大電流条件の溶接状態

図5-1-2　立向き上進ストリンガービード溶接の溶接状態

アークが溶融金属の垂れに
先行する速度で溶接します

図5-1-3 立向き下進ストリンガービード
溶接の溶接状態

す）。④図5-1-2（a）のように一定形状のビードが連続して形成されていることを確認しながら溶接を進めます（適切な溶接条件設定が不可欠です）。なお、形成されるビードが極端な凸形となる場合は、小さな振り幅のウィービング操作が有効です。③終端部でクレータ処理を行い、溶接を完了させます。

　次に、「立向き下進ストリンガービード溶接作業」です。①120〜160A、20〜21V程度の溶接条件に設定します（溶接条件は、下る速度に合わせ、溶融金属の垂れよりアークが先行するように設定します）。②上端の開始位置でアークを発生させプールが形成できたら、下に向かって一気に溶接を進めます（このとき、図5-1-3のように溶融金属の垂れに先行してアークを進めるように、速い速度で溶接することがポイントとなります）。

5-2 立向きウィービングビード溶接作業

　母材の溶融幅（ビード幅）が、ストリンガービード溶接の1.5〜2倍必要な場合、溶接線を中心に左右に溶接トーチ（アーク）を振る「ウィービング操作」で溶接を行います。ここでは、ビードの幅を広げるため、アークを溶接線と直角の方向（左右方向）に振りながら進む「立向きウィービングビード溶接」を習得します。

　立向きのウィービング操作は、上進溶接で行うことが基本で、溶接する継手の形状に合わせ図5-2-1に示す3種の操作パターンで溶接します（いずれの溶接の場合も、母材をえぐる溶接とならず、溶接する面を確実に溶かすように低溶接電流条件で、溶接する面をアークがトレースするように溶接します）。

　図5-2-2は、すみ肉第1層溶接など、深い三角断面や狭い台形断面の溶接に用いる「タイプA」のウィービング操作による溶接状態です。この溶接は、図5-2-1のように開先の底部に向かって三日月形状あるいは三角おむすび形状を描きながら、らせん状に昇っていくウィービング操作で、

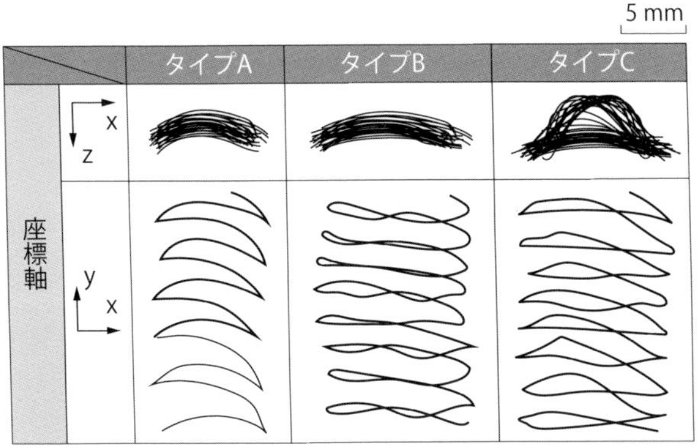

5 mm

図5-2-1 立向き上進ウィービング溶接の操作パターン

113

前層溶接ビード

開先面および前層ビード表面を確実に溶かしながら溶接します

図5-2-2「タイプA」操作による溶接状態

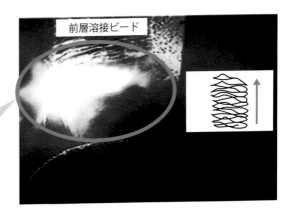

前層溶接ビード

ゆっくりした速度で、細長い台形開先面をトレースするように溶接します

図5-2-3「タイプC」操作による溶接状態

ルート部を含めた開先面を確実に溶かしながら溶着金属を付ける溶接を行います（なお、この溶接では、各接合面を確実に溶かし、ビード表面が平坦となるように溶接することがポイントです）。

　図5-2-3は、ビード幅が広くて深さがやや深い台形断面の溶接に用いる「タイプC」のウィービング操作の溶接状態です（この溶接の場合も、前層溶接ビード表面ならびに開先面を確実に溶かしながら溶着金属を付ける溶接を行います（この溶接で、やや多い溶融金属量が必要な場合は、溶接電流を高めて深く入り込む操作で溶接します）。

　なお、開先が広く、ビード幅を広げる必要のある場合は、図5-2-4のよ

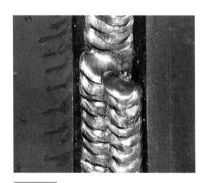

図5-2-4 2パス1層による溶接結果

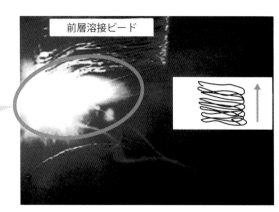

前層溶接ビード

横長ではほぼ平坦な
溶接面を、長楕円の
グリウィービング操
作で溶接します

図5-2-5 「タイプB」操作による溶接状態

うに片側の開先面を確実に溶かす、2回のウィービング操作でビードを重ねる2パス1層の溶接で仕上げます。

　また、図5-2-5は、浅い開先断面や仕上げ層の溶接に用いる「タイプB」のウィービング操作の溶接状態です。この溶接では、図5-2-5のように前層ビード表面を確実に溶かしながら浅い長楕円を描くように溶接を行います（ビード幅の広い溶接が必要な場合は、溶接電流を高めた速い速度の操作で、さらに広いビード幅が必要な場合は、2パス1層の溶接で仕上げます）。それぞれの溶接に合わせた操作パターンで、実際に層を重ねるすみ肉継手の溶接にトライして、溶接状態と結果を確認してください。

5-3 薄鋼板の立向き片面突合せ溶接作業

　ここでは、JISの溶接技能者評価試験の「SN-1V」に相当する板厚3.2mmの軟鋼板の立向き突合せ溶接を例に、片側1層の溶接で材料を一体化して完全溶け込み突合せ溶接継手を作製する「薄鋼板の立向き片面突合せ溶接」を習得します。

　この溶接では、**4-1**の下向き突合せ溶接の場合と同様、開先形状はI形もしくはV形、疑似V形継手のいずれかとなります（ここでは、I形継手について示しますが、V形や疑似V形などの開先加工を行った継手では、作業が行いやすく品質の良い溶接が安定的にできるようになります）。

　この溶接の「作業準備」は、下向き突合せ溶接の場合と同じです。①溶接装置を準備し、溶接用保護具を着け、安全を確認します。②2枚の板の仮組みは、ルート間隔を2mm程度とやや広く設定し、目違いや段差、ルート間隔の設定間違いがないように、母材を10mm程度のタック溶接でしっかり固定します。③タック溶接で固定した溶接材は、目違いやルート間隔を確認し、異常がある場合は確実に修正します（なお、ここで行う拘束用ジグを使用しない溶接では、3〜5°の逆ひずみを取ります）。④仮組みした溶接材は、**図5-3-1**のように立向き姿勢溶接用ジグで垂直に固定します（溶接材裏面とジグの間には空間を持たせます）。

　まず、「準備作業」です。①**図5-3-2**のように溶接材の最上部が目の高さを超えないように設定します（目の高さを超えると、溶接トーチの保持角度が不適正となり、溶接が不安定になります）。②溶接条件を75A、18.5V程度に設定し、図5-3-2のような適切な溶接姿勢で構えます。

　では、「立向き片面突合せ溶接作業」です。①溶接トーチが溶接線に沿ってスムーズに移動できることを確認します。②溶接開始位置のタック溶接部でアークを発生させ、**図5-3-3**のように溶接トーチを15°程度の前

進角で上進するギザウィービング操作により両母材を均等に溶融させます。③開始部で両母材が均等に溶け合うプールが形成できたら、ギザウィービング操作を続けながら上方に移動させます。④ルート間隔溝に

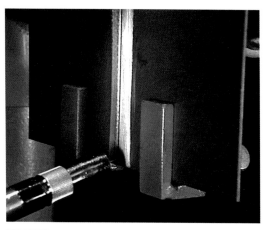

図5-3-1 立向き姿勢溶接用ジグを用いた溶接材の固定

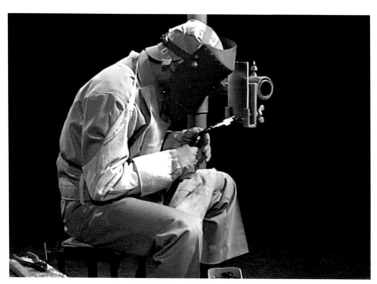

図5-3-2 適切な立向き溶接姿勢

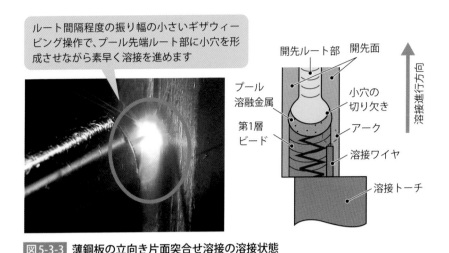

図5-3-3 薄鋼板の立向き片面突合せ溶接の溶接状態

入った時点で、プール先端部に図5-3-3のような小穴を形成させて、ルート間隔程度の振り幅のギザウィービング操作により素早いピッチで上方へ溶接を進めます（この溶接では、穴あきによる裏波過大や溶け落ちが発生しやすいため、やや小さい溶接電流で素早く溶接を進めていくことがポイントです）。⑤終端部でクレータ処理を行い、溶接を完了させます。

　この溶接で目標とする溶接結果は、4-1の下向き突合せ溶接SN-1Fの場合と同じで、裏面ルート部で確実に融合した裏波が均一に形成されていることです。ただ、溶接中、以下のような不適切状態となった場合は、次の手順で修正します。①溶接途中に穴が開くようであればギザウィービング操作の振り幅を狭め、速度を速めてやや粗いピッチで溶接します。②溶融金属が盛り上がり、裏に抜けないようであれば、溶接トーチを立ててギザウィービング操作の振り幅を少し広げ、速度をやや遅くします。③前記の①や②の対応で改善の難しい場合は、開先を疑似V形（ルート間隔はI形の場合とほぼ同じ2mm程度）もしくはV形（ルート面0.5mm程度、ルート間隔は1.2mm程度）に設定し、I形の場合とほぼ同じ溶接条件で開先面をトレースさせるギザウィービング操作で溶接します。

5-4 中板の裏当て金なし 立向き片面突合せ溶接作業

　ここでは、JISの溶接技能者評価試験の「SN-2V」に相当する板厚9mmの軟鋼板の立向き突合せ溶接を例に、「中板の裏当て金なし立向き片面突合せ溶接」を習得します。

　この溶接の「作業準備」、「溶接材の仮組み」などの手順は、同じ課題である**4-2**の下向き突合せ溶接（SN-2F相当）の場合と同じです。溶接用保護具を着け、安全を確認し、溶接材の溶接線が垂直になるように固定します。3層の溶接を立向き姿勢で行います（ここでは、この溶接の第2層と第3層を1層で仕上げる方法についても示します）。

　では、「第1層裏波溶接作業」です。100〜110A、19V程度の溶接条件に設定し、**5-3**の薄鋼板の立向き突合せ溶接（SN-1V相当）の作業要領で、小穴の形成を確認しながら**図5-4-1**のように上進で溶接を進めます（この溶接は、**図5-4-2**のように裏面ルート部の両母材が確実に溶け合い、均一で安定な裏波を形成していることが必要です）。

　次に、「第2層（中間層）溶接作業」です。100〜110A、19V程度の溶

プール先端ルート部の小穴の形成を確認しながら溶接を進めます

図5-4-1 第1層裏波溶接の溶接状態

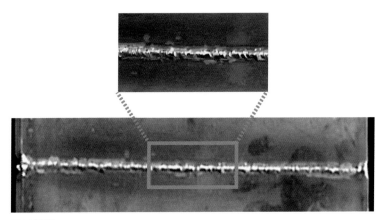

図5-4-2 第1層裏波溶接の溶接結果

振り幅の狭いピッチの粗いウィービング操作で、素早く溶接します

母材面より1mm程度低く、平坦なビード表面状態に仕上げます

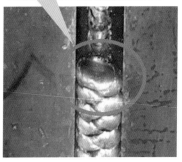

(a) 溶接状態

(b) 溶接結果

図5-4-3 第2層（中間層）溶接の溶接状態と溶接結果

接条件で、ビード面が図5-4-3のように母材面より1mm程度低く、平坦に仕上がるように速い速度のギザウィービング操作で溶接を進めます。

　続いて、「第3層（仕上げ層）溶接作業」です。80～90A、19V程度の溶接条件で、図5-4-4のように母材の開先両止端部を1mm程度を溶かす、細かいピッチのギザもしくは長楕円ウィービング操作で溶接を進めます。

　なお、SN-2Vの溶接では、第2層と第3層の溶接を120A、20V程度の溶接条件で、1回の溶接で仕上げる1層仕上げの溶接も可能です。図5-4-5

開先端を1mm程度溶かし、止端部で止めのない細かいウィービング溶接を重ねます

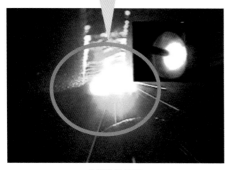

凸ビードとならないように、プールの盛り上り状態で溶接速度を調整します

（a）溶接状態　　　　　　　　（b）溶接結果

図5-4-4 第3層（仕上げ層）溶接の溶接状態と溶接結果

開先端および開先面、第1層ビード表面を確実に溶かす、ゆっくりとしたウィービング操作で溶接します

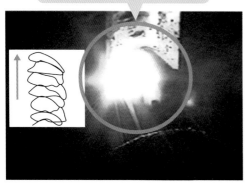

ビード高さはプールの盛り上り状態で止端部の止め時間を調整しながら溶接します

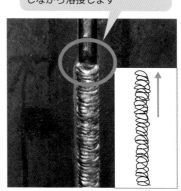

（a）溶接状態　　　　　　　　（b）溶接結果

図5-4-5 1層仕上げ溶接の溶接状態と溶接結果

が、この溶接の溶接状態と溶接結果で、左のように溶接面をトレースするウィービング操作で溶接します（これにより、3層仕上げの溶接に比べ確実な溶け込みが得られ、ビード高さも低く仕上げられます）。

5-5 厚板の裏当て金なし 立向き片面突合せ溶接作業

　ここでは、JISの溶接技能者評価試験の「SN-3V」に相当する板厚19mmの軟鋼板の立向き突合せ溶接を例に、「厚板の裏当て金なし立向き片面突合せ溶接」を習得します（**5-4**の中板の溶接に比べて板厚が厚くなる分、中間層の溶着金属量を増やし、層数を1〜2層増やす溶接を行います）。

　この溶接の「作業準備」、「溶接材の仮組み」などの手順は、5-4の中板の場合と同じです。溶接条件は第1層裏波溶接が120A、20V前後、第2層目以降は130A、20.5V前後と板厚が厚くなった分、中板の場合に比べやや高く設定します（なお、実際の溶接で母材の溶融が遅くなるような場合は、溶接電流を5〜10A程度高く、逆に溶融が速く溶け込み過大になる場合は5〜10A程度低く再設定します）。

　では、「第1層裏波溶接作業」です。これまでの立向き第1層裏波溶接と同じ要領で、小穴の形成を確認しながら溶接を進めます（なお、板厚が厚くなった分だけ、確実な溶融を得るため振り幅をやや大きくし、ゆっくりと溶接します）。

　次に、「第2層（中間層）溶接作業」です。130A、20.5V前後の溶接条件で、**図5-5-1**（a）のように開先面を確実に溶かす、深い台形状のゆっくりしたウィービング操作で溶接を重ね、十分な量の溶着金属を付けていきます。図5-5-1（b）が、この溶接の仕上がり状態です（このように平坦で開先面とよくなじみ、十分な溶着金属量が得られるように溶接します）。

　続いて、「第3層（仕上げ層前）溶接作業」です。第2層と同じ溶接条件で、**図5-5-2**（a）のように溶接面を確実に溶かす、やや浅く長い台形状のウィービング操作で溶接を重ねていきます。図5-5-2（b）が、この溶接の仕上がり状態です（このように、それぞれの接合面でよくなじみ、

狭く、底の深い台形開先内を確実に溶かす溶接です

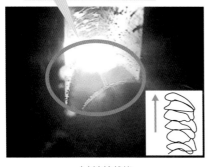

(a) 溶接状態

開先面および第1層ビード表面が確実に溶かされ、溶着金属がそれぞれの面によくなじんでいます

(b) 溶接結果

図5-5-1 第2層（中間層）溶接の溶接状態と溶接結果

浅く、幅の広い台形開先の開先面および前層ビード表面を確実に溶かす溶接です

前層溶接ビード

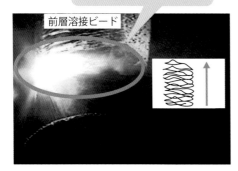

(a) 溶接状態

開先面および前層ビード表面と溶着金属がよくなじみ、細かい波目で平坦なビードに仕上がっています

(b) 溶接結果

図5-5-2 第3層（仕上げ層前）溶接の溶接状態と溶接結果

十分な溶着金属量が得られる平坦なビードとなるように溶接します）。

　さらに、「第4層（仕上げ層）溶接作業」です。溶接条件を120A、20V程度に下げ、溶接部の赤熱状態の温度を余り下げないように、**図5-5-3**(a) のように長楕円のウィービング操作を素早く重ねていきます。図

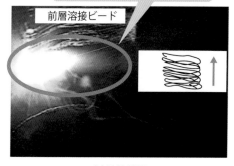

両開先端および前層ビード表面を
溶かす、やや速い速度のウィービ
ング操作で溶接します

前層溶接ビード

(a) 溶接状態

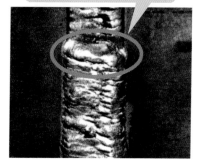

開先端および前層ビード表面が
確実に溶かされ、平坦で細かい
波目の溶接に仕上げます

(b) 溶接結果

図5-5-3 第4層（仕上げ層）溶接の溶接状態と溶接結果

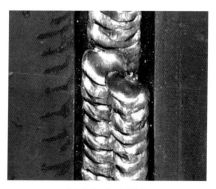

(a) 仕上げ層前溶接

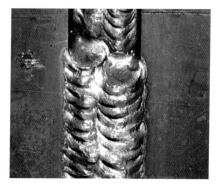

(b) 仕上げ層溶接

図5-5-4 2パス1層で仕上げた溶接結果

5-5-3（b）が、この溶接の仕上がり状態です。（母材面および開先面、前層溶接ビード表面とよくなじみ、ビード両止端部に欠陥の無い溶接が必要です）。

　なお、厚板の立向き片面突合せ溶接の仕上げ層前や仕上げ層の溶接で、ビード幅の広い良好な溶接が難しい場合は、**図5-5-4**のような2パス1層の溶接を利用するのも良いでしょう。

5-6 中板の裏当て金なし 横向き片面突合せ溶接作業

　炭酸ガス半自動アーク溶接による横向き姿勢の溶接では、ストレートもしくは斜めに傾けたグリウィービング操作（斜めグリウィービング操作）の2種の溶接操作で、図5-6-1に示す1層の溶接を数パスのビードを重ねて仕上げます。ここでは、JISの溶接技能者評価試験の「SN-2H」に相当する板厚9mmの軟鋼板の横向き突合せ溶接を例に、「中板の裏当て金なし横向き片面突合せ溶接」を習得します。

　横向き姿勢の溶接では、図5-6-2（a）に示すほぼストレートに近い「ストリンガー操作」（わずかに前後方向、または小さい振り幅のグリウィービング操作を併用することもあります）、あるいは（b）に示す下から上に向かって進む「前進角斜めグリウィービング操作」、（c）に示す上から下に向かって進む「後退角斜めグリウィービング操作」のいずれかの方法で溶接します。

　この溶接の「作業準備」、「溶接材の仮組み」などの手順は、これまでの

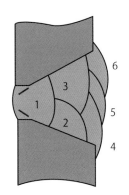

図5-6-1 数パスのビード層を重ねる 横向き突合せ溶接例

(a) ストリンガー操作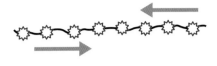

(b) 前進角斜めグリウィービング
操作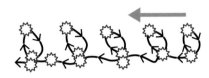

(c) 後退角斜めグリウィービング
操作

図5-6-2 横向き溶接における溶接トーチの操作

図5-6-3 適切な横向き溶接姿勢

突合せ溶接の場合と同じです（作製した溶接材は溶接線が水平になるように垂直に固定し、図5-6-3のように溶接トーチを一定状態に保持して水平に平行移動できるように適切な横向き溶接姿勢で構えます）。

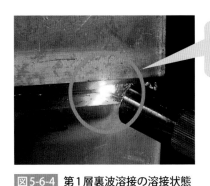

プール先端の溶融金属の沈み込み（凹み）で、裏波形成を確認しながら溶接を進めます

図5-6-4 第1層裏波溶接の溶接状態

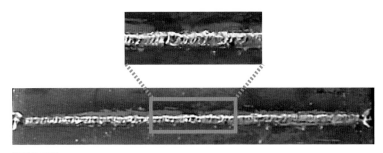

図5-6-5 第1層裏波溶接の溶接結果

　では、「第1層裏波溶接作業」です。この溶接では、裏波形成が可能で、許容ルート間隔は広く、安定した溶接ができる図5-6-4のような下から上に向かう前進角斜めグリウィービング操作で溶接します（110A、19V程度の溶接条件で、ルート間隔幅より少し広い振り幅で溶接します）。

　図5-6-5が、この溶接の溶接結果です。このように裏面ルート部の両母材が確実に溶け合い、均一で安定した裏波を形成していることが必要です。

　次に、「第2層（中間層）溶接作業」です（この溶接は120A、19.5V程度の溶接条件で、2パス1層で溶接します）。まず、第2層1パス目の溶接です。図5-6-6（b）のような土手形状になるように、（a）のように第1層ビード下側の止端部を中心に、上から下に向かうごく小さな振り幅の後退

127

第1層の下側ビード止端部を中心に、ストレートに近い後退角の斜めグリウィービング操作で素早く溶接します

2パス目溶接の溶融金属の垂れを防ぐため、ビード中心部がやや凸になる台形状ビードに仕上げます

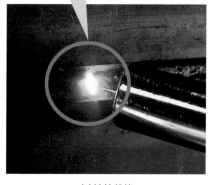

(a) 溶接状態

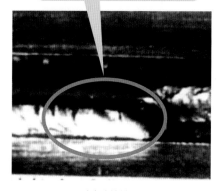

(b) 溶接結果

図 5-6-6 第2層（中間層）1パス目の溶接状態と溶接結果

1パス目上側ビード止端部を中心に、開先面を1パス目ビード中心までを溶かす後退角斜めグリウィービング操作で、母材面より1mm程度低くビード表面全体が平坦になるように溶接します

(a) 溶接状態

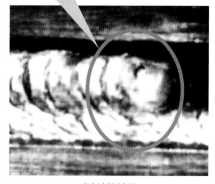

(b) 溶接結果

図 5-6-7 第2層（中間層）2パス目の溶接状態と溶接結果

角斜めグリウィービング操作（もしくはストリンガー操作）で溶接します。

　第2層2パス目の溶接です。1パス目と同じ溶接条件で、**図 5-6-7**（a）のように第1層ビード上側の止端部を中心に、後退角斜めグリウィービン

第2層1パス目下側ビード止端部を中心に、下側開先端を1mm程度と、第2層2パス目ビード中心を溶かす後退角斜めグリウィービング操作で溶接します

(a) 溶接状態

(b) 溶接結果

図5-6-8 第3層（仕上げ層）1パス目の溶接状態と溶接結果

グ操作によりやや大きい振り幅でゆっくりと溶接を進め、（b）の状態に仕上げます。

　続いて、「第3層（仕上げ層）の溶接」です（この溶接は、110A、19V程度の溶接条件で、2パス1層で溶接します）。まず、第3層1パス目の溶接です。図5-6-8（a）のように第2層ビード下側の止端部を中心に開先下端を1mm程度溶かしながら、上から下に向かう後退角斜めグリウィービング操作で溶接を進め、（b）の状態に仕上げます。

　第3層2パス目の溶接です。1パス目と同じ溶接条件で、図5-6-9（a）のように第3層1パス目のビード上側の止端部を中心に、開先上端を1mm程度溶かす大きい後退角斜めグリウィービング操作で溶接を進め、（b）の状態に仕上げます。

　なお、図5-6-10（a）は第3層（仕上げ層）溶接を後退角2パス仕上げで行った場合の溶接結果、（b）が3パス仕上げで行った場合の溶接結果です。横向き溶接では、1層の溶接をこれらのように数本のビードを重ねて仕上げる多パス1層で溶接します（したがって、それぞれのパスの溶接は、ウィービング操作の中心位置を前層ビードの止端位置などとして、必

129

第3層1パス目上側ビード止端部を中心に、上側開先端を1mm程度と、第3層1パス目ビード中心を溶かすややゆっくりとした大きい後退角斜めウィービング操作で溶接します

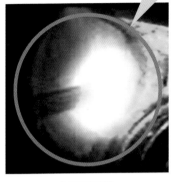

(a)溶接状態

(b)溶接結果

図5-6-9　第3層（仕上げ層）2パス目の溶接状態と溶接結果

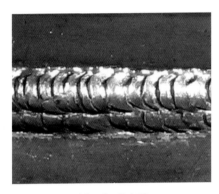

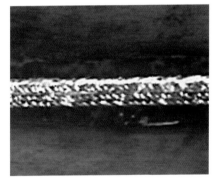

(a)2パス仕上げ

(b)3パス仕上げ

図5-6-10　仕上げ層溶接の層数による溶接結果の違い

要なビード幅が得られる適切な振り幅で溶接することがポイントとなります）。また、この溶接では、溶接状態が見極めやすいように前進角の溶接でも溶接されます（この前進角の多パス1層の溶接については、次項5-7の厚板の溶接で示します）。

5-7 厚板の裏当て金なし 横向き片面突合せ溶接作業

　ここでは、JISの溶接技能者評価試験の「SN-3H」に相当する板厚19mmの軟鋼板の横向き突合せ溶接を例に、前進角5層で行う「厚板の裏当て金なし横向き片面突合せ溶接」を習得します。なお、後退角の溶接も5-6のSN-2Hの溶接を参考に、同じように溶接できます（自分に適した操作を選ぶと良いでしょう）。

　「作業準備」、「溶接材の仮組み」などの手順も5-6の中板の場合と同じです。溶接条件は第1層裏波溶接が120A、20V前後、第2層目以降は130A、20.5V前後と、板厚が厚くなった分、中板の場合に比べやや高く設定します（なお、実際の溶接で、母材の溶融が遅くなるようであれば溶接電流を5〜10A程度高く、逆に溶融が速く溶け込み過大で溶融金属が垂れる場合は5〜10A程度低く設定します）。

　では、「第1層裏波溶接作業」です。中板の場合と同じ要領で下から上に向かう前進角斜めグリウィービング操作で溶接します（ただ、板厚が厚くなった分、確実な溶融を得るため振り幅をやや大きく、ゆっくりと溶接します）。

　次に、「第2層1パス目の溶接作業」です。130A、20.5V前後の溶接条件で、図5-7-1のように第1層ビード下側の止端部を中心に、土手を作るように下から上に向かう前進角斜めグリウィービング操作で溶接します（この溶接では、中板の溶接の場合に比べ板厚が厚くなった分、振り幅を広げ、ゆっくりと溶接します）。

　「第2層2パス目の溶接作業」です。1パス目と同じ溶接条件で、図5-7-2のように1パス目のビード上側の止端部を中心に、ビード全体が垂直の壁になるように振り幅の大きい前進角斜めグリウィービング操作で溶接します。

第1層下側ビード止端部を中心に、ストリンガーに近い前進角（後退角）の斜めグリウィービング操作で、板厚が厚くなった分ややゆっくりと溶接します

図5-7-1 第2層1パス目の溶接状態

第2層1パス目上側ビード止端部を中心に、1パス目ビード中心と、開先面を確実に溶かすゆっくりとした前進角（後退角）の斜めグリウィービング操作で溶接します

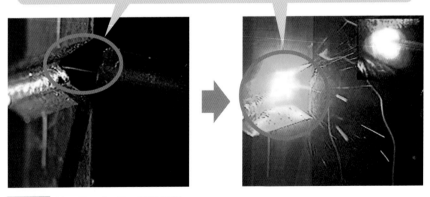

図5-7-2 第2層2パス目の溶接状態

　続いて、「第3層溶接作業」です。第2層の溶接と同じ要領で2パス1層で溶接します（この場合、第2層の溶接に比べ溶接する開先断面が広くなることから、それぞれのパスのウィービング操作の振り幅を広げて溶接します）。

　さらに「第4層溶接作業」です（この溶接は、3パス1層で溶接しま

1パス目は第2層1パス目下側ビード止端部、2パス目は第3層1パス目上側ビード止端部、3パス目は第3層2パス目上側ビード止端部を中心に斜めグリウィービング操作で溶接します

(a) 1パス目

(b) 2パス目

(c) 3パス目

図5-7-3　第4層の溶接状態

第4層2パス目下側ビード止端部を中心に、ストリンガーに近い斜めグリウィービング操作で溶接します

図5-7-4　第5層（仕上げ層）1パス目の溶接状態

す）。1パス目は図5-7-3（a）のように第3層ビード下側の止端部を中心に土手を作るように、また2パス目は（b）、3パス目は（c）のように前パスのビード上側の止端部を中心に、ビード下側全体が平坦になるように溶接します（なお、この溶接は、仕上げ層前溶接となるため母材面より1mm程度低くなるように溶接します）。

　最後に「第5層（仕上げ）溶接作業」です（この溶接は、4パス1層の溶接で溶接します）。まず、1パス目の溶接は、図5-7-4のように第4層2パス目ビード下側の止端部を中心に、開先下止端部を1mm程度溶かす

第5層1パス目上側ビード止端部を中心に、1パス目ビード中心と、第4層3パス目ビード中心までを溶かす斜めグリウィービング操作で溶接します

図5-7-5 第5層（仕上げ層）2パス目の溶接状態

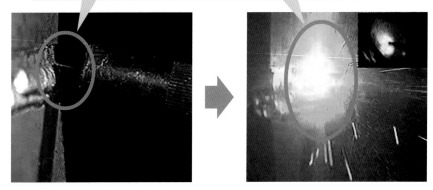

第5層2パス目上側ビード止端部を中心に、上側開先端手前と、第5層2パス目中心までを溶かす斜めグリウィービング操作で溶接します

図5-7-6 第5層（仕上げ層）3パス目の溶接状態

前進角斜めグリウィービング操作で溶接を進めます。

　次に、2パス目の溶接です。**図5-7-5**のように、1パス目ビード上側の止端部を中心に、1パス目ビード中央部程度までを溶かす前進角斜めグリウィービング操作で溶接を進めます。

　続いて、3パス目の溶接です。**図5-7-6**のように2パス目ビード上側の止端部を中心に、2パス目ビード中央部程度まで溶かす前進角斜めグリ

第5層3パス目上側ビード止端部を中心に、上側開先端を1mm程度と、第5層3パス目ビード中心までを溶かす斜めグリウィービング操作で溶接します

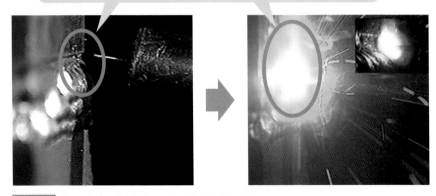

図5-7-7　第5層（仕上げ層）4パス目の溶接状態

図5-7-8　厚板の横向き片面突合せ前進角溶接の溶接結果

ウィービング操作で溶接を進めます（この溶接のウィービング操作の振り幅は、最終の4パス目ビードが余り広くならないように、図5-7-6の右のようにやや大きい振り幅で溶接します）。

　最後に、4パス目の溶接です。図5-7-7のように、3パス目ビード上側の止端部を中心に、開先上側の止端部を1mm程度溶かす程度のやや小さい振り幅で、素早い前進角斜めグリウィービング操作で溶接します。

　図5-7-8は、厚板の横向き片面突合せ溶接の溶接結果です。仕上げ層前溶接は平坦で開先面とよくなじみ、母材面より1mm程度低く仕上げられています。また、第5層（仕上げ層）のいずれの溶接ビードも母材面と各ビード表面で良好に融合しています（各パスの重ね具合などがポイントです）。

5-8 裏当て金なし 上向き片面突合せ溶接作業

　上向き姿勢の溶接は、現場溶接においても行われるのはまれです（ただし、後述する「水平固定管」の全姿勢溶接においては不可欠の作業になります）。ここでは、JISの溶接技能者評価試験の「SN-2O」に相当する板厚9mmの軟鋼板の上向き突合せ溶接を例に、「裏当て金なし上向き片面突合せ溶接」を習得します。

　「作業準備」、「溶接材の仮組み」などの手順は、これまでの突合せ溶接の場合と同じです（作製した溶接材は、図5-8-1のように溶接線が上向き溶接の状態になるように水平に固定し、溶接線全長が確認できるように適切な上向き溶接姿勢に構え、溶接トーチを一定状態で移動できることを確

図5-8-1 適切な上向き溶接姿勢

認します)。

では、「第1層裏波溶接作業」です。①110A、19V程度の溶接条件に設定します。②この溶接では、図5-8-2のようにルートの両止端部を確実に

ルートの両止端部を確実に
溶かすやや小さめのプール
状態で溶接します

図5-8-2 第1層裏波溶接の溶接状態

両開先端と、第1層ビード表面を確実
に溶かすように、それぞれの開先面、
第1層ビード表面をトレースする
ウィービング操作で1パス1層の溶接
で仕上げます

図5-8-3 第2層（仕上げ層）溶接の溶接状態

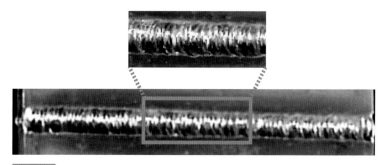

図5-8-4 第2層（仕上げ層）溶接の溶接結果

溶かすストレートあるいは振り幅の小さいウィービング操作で溶接します（溶かし過ぎは、凹みの大きい裏波となるため、振り幅や速度で調整します。なお、調整しきれない場合は、溶接電流を5〜10A程度下げて溶接します）。

　次に、「第2層（仕上げ層）溶接作業」です。この溶接では、5-4の中板の立向き突合せ溶接の第2層の1層仕上げ溶接と同様の要領で行います。図5-8-3のように、120A、19V程度の溶接条件で、両側の開先面、ルート部をトレースする逆V字を描く溶接トーチ操作で溶接します。

　図5-8-4が、第2層（仕上げ層）溶接の溶接結果です。ビード両止端部にアンダーカットなどの欠陥の無い均一なビード状態に仕上がっていることが必要です（なお、ビードが凸ビードとなる場合は、開先端でのアークの止め時間を短くし、やや溶接速度を速めます）。

5-9 鋼管の突合せ溶接作業

　水平に設置された管（水平固定管）では上向き・立向き・下向きの全姿勢で、鉛直（垂直）に設置された管（鉛直固定管）では管の曲面に沿って横向き姿勢で管全周を溶接します。ここでは、JISの溶接技能者評価試験の「SN-2P」に相当する肉厚11mmの鋼管の突合せ溶接を例に、「鋼管の突合せ溶接」を習得します（なお、SN-2Pの試験では、1本の管の下側2/3を水平固定の状態で、残り上側1/3を鉛直固定の状態で溶接しますが、ここでは、それぞれの状態で全周を溶接します）。

　この溶接の基本的な「作業準備」は、これまでの板の各姿勢の突合せ溶接の作業とほぼ同じです。したがって、30〜45°のベベル角、1mm程度のルート面に開先加工した管は、図5-9-1のように溶接線が正確に合わせ

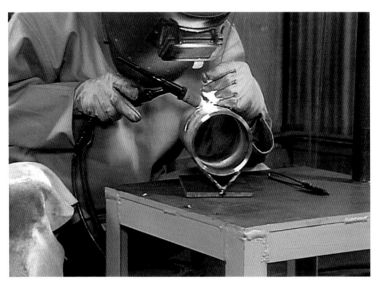

図5-9-1 ジグを用いた鋼管の仮組み作業

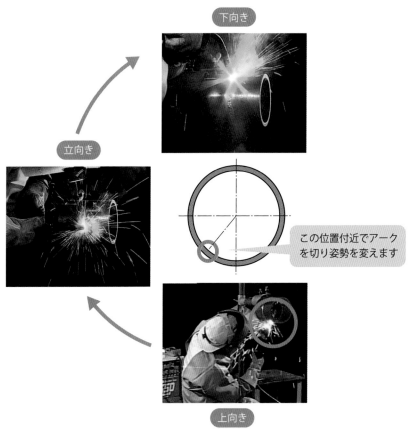

下向き

立向き

この位置付近でアーク
を切り姿勢を変えます

上向き

図5-9-2 水平固定管の各姿勢における溶接状態

られるようにアングル材などを利用した仮組みジグを使い、ルート間隔を
2〜3mm程度とし、3〜4個所のタック溶接で固定します（タック溶接
は、品質などの面からTIGアーク溶接による方法が推奨されますが、炭酸
ガス半自動アーク溶接で行う場合は、しっかりした溶接を行うとともに、
タック溶接後は本溶接に影響を与えないように余分な溶着金属を除去して
おくことを推奨します）。

　なお、通常の水平固定管の溶接は、**図5-9-2**のように、底部から上向き
姿勢で溶接を開始し、順次、立向き、下向きに姿勢を変えながら進めます
（この場合、上向きから立向き姿勢に移る位置で一旦溶接を止め、適正に

(a)上向き姿勢　　　　　　(b)立向き姿勢　　　　　　(c)下向き姿勢

図5-9-3 管の溶接における姿勢の変化

溶接できる姿勢に変え、ビード継ぎ溶接により立向き、下向き姿勢で溶接を続けます）。

　水平固定管の溶接は、図5-9-3（a）のような上向き姿勢でスタートし、その後、（b）、（c）のような立向き、下向きの姿勢に変えて溶接します（片側半分の溶接は管の最上部付近で完了させ、反対側も同様に溶接します）。なお、溶接のビード継ぎ部では、クレータ処理はせず、ビード継ぎ溶接においてもバックステップ法でこの部分をよく予熱し確実に溶かします。また、管の溶接では、溶接中にワイヤ突き出し長さが変化しやすいため、図5-9-3のように溶接トーチを持つ手を、管の本体やジグなどを利用して、もう一方の手で支える工夫が有効となります。

　では、「水平固定管の第1層裏波溶接作業」です。いずれの姿勢においても、各姿勢による板の裏波溶接作業と同じ要領で溶接します（なお、ビード継ぎ部で一旦アークを切るときは、良好な継ぎ状態を得るため、ウィービング操作の振り幅を少し広げるなどしてプール先端に形成する穴を少し大きくします）。

　次に、「第2層（仕上げ層前）上向き部分の溶接作業」です。①図5-9-4のように、板の上向き姿勢第2層溶接の要領で、各溶接面を確実に溶かしながら母材面から1mm低い位置まで仕上がるように溶接します。②姿勢を変える位置で一旦アークを切ります。

上向き姿勢第2層溶接と同じ要領で、左右の開先面および第1層ビード表面をトレースするウィービング操作により母材面より1mm程度低い位置まで溶接します

(a) 開先左側 (b) 開先中央 (c) 開先右側

図5-9-4 第2層（仕上げ層前）上向き部分の溶接状態

両開先面および第1層ビード表面を確実に溶かす三日月形状のウィービング操作で、母材面より1mm程度低い位置まで溶接します

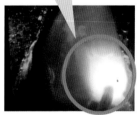

(a) 開先左側 (b) 開先中央 (c) 開先右側

図5-9-5 第2層（仕上げ層前）立向き・下向き部分の溶接状態

　続いて、「第2層（仕上げ層前）立向き・下向き部分の溶接作業」です。①図5-9-5のように、上向き姿勢の溶接と同じ要領で、立向き姿勢の溶接を行います。②下向き姿勢に入ると前進角の溶接となり溶融金属が先行しやすいため、溶接トーチを立てて、これまでと同じ操作の溶接を続けます。③最上部付近でアークを切ります。

　さらに、「第3層（仕上げ層）溶接作業」です。いずれの姿勢の溶接に

姿勢の変換位置においてもビード波形が均一で凸ビードになっていないことがポイントです

図5-9-6 水平固定管の第3層（仕上げ層）溶接の溶接結果

図5-9-7 鉛直固定管の溶接状態と溶接姿勢

おいても、100〜110A、19V程度の溶接条件で、5-4のSN-2Vの第3層（仕上げ層）溶接の要領で素早くギザウィービングあるいはグリウィービング操作で溶接します。図5-9-6が、第3層（仕上げ層）溶接の溶接結果です。いずれの部分においても欠陥発生が無く、均一なビード波形で、かつビード幅、高さとも均一に仕上がっていることが目標です。

　最後に、「鉛直固定管の溶接作業」です。この溶接では、図5-9-7のように管の曲面に沿わせながら、5-6などの板の横向き姿勢溶接と同じ溶接条件、溶接操作で、2回程度のビード継ぎ溶接で仕上げます。

参 考 文 献

教育用映像ソフト「ガスシールドアーク溶接　1～5 巻」(日刊工業新聞社)
教育用映像ソフト「炭酸ガスアーク溶接　1～3 巻」(日刊工業新聞社)
「絵とき『溶接』基礎のきそ」安田克彦著、日刊工業新聞社、2006 年
「『現場溶接』品質向上の極意」安田克彦著、日刊工業新聞社、2013 年
「わかる！使える！溶接入門」安田克彦著、日刊工業新聞社、2017 年

索引

著者略歴

安田克彦 (やすだ・かつひこ)

●略歴
1968年　職業訓練大学校溶接科卒業後、同校助手
1988年　東京工業大学より工学博士
1990年　技術士（金属）資格取得
1991年　職業能力開発総合大学校教授
2002年　IIW・IWE 資格取得
2005年　溶接学会フェロー
2010年　高付加価値溶接研究所長

●主な著書
・「カラー版　はじめての溶接作業」（日刊工業新聞社）
・「わかる！使える！溶接入門」（日刊工業新聞社）
・「目で見てわかる 良い溶接・悪い溶接の見分け方」（日刊工業新聞社）
・「目で見てわかる溶接作業」（日刊工業新聞社）
・「続・目で見てわかる溶接作業 ―スキルアップ編―」（日刊工業新聞社）
・「『現場溶接』品質向上の極意」（日刊工業新聞社）
・「絵とき『溶接』基礎のきそ」（日刊工業新聞社）
・「トコトンやさしい溶接の本」（日刊工業新聞社）
・「トコトンやさしい板金の本」（日刊工業新聞社）
・「トコトンやさしいボイラーの本」共著、（日刊工業新聞社）
・「技術大全シリーズ　板金加工大全」共著、（日刊工業新聞社）など多数

カラー版
はじめての溶接作業〈スキルアップ編〉　　NDC 566.6

2022年12月28日　初版1刷発行　　　　　　　定価はカバーに表示してあります。

Ⓒ著者　　　　安田克彦
　発行者　　　井水治博
　発行所　　　日刊工業新聞社　　〒103-8548 東京都中央区日本橋小網町14番1号
　　　　　　　書籍編集部　　　　電話 03-5644-7490
　　　　　　　販売・管理部　　　電話 03-5644-7410　FAX 03-5644-7400
　　　　　　　URL　　　　　　　https://pub.nikkan.co.jp/
　　　　　　　e-mail　　　　　　info@media.nikkan.co.jp
　　　　　　　振替口座　　　　　00190-2-186076

カバーデザイン　　雷鳥図工（熱田肇）
印刷・製本　　　　新日本印刷㈱

2022 Printed in Japan　　落丁・乱丁本はお取り替えいたします。
ISBN　978-4-526-08242-9 C3057

本書の無断複写は、著作権法上の例外を除き、禁じられています。